울릉도 보물선

돈스코이호

울릉도 보물선 돈스코이호
해양탐사대, 100년의 역사를 끌어올리다

초판 1쇄 발행 2007년 12월 31일
초판 5쇄 발행 2020년 1월 17일

지은이 유해수
펴낸이 이원중

펴낸곳 지성사 **출판등록일** 1993년 12월 9일 **등록번호** 제10-916호
주소 (03458) 서울시 은평구 진흥로 68(녹번동) 정안빌딩 2층(북측)
전화 (02) 335-5494 **팩스** (02) 335-5496
홈페이지 www.jisungsa.co.kr **이메일** jisungsa@hanmail.net

ⓒ 유해수, 2007

ISBN 978-89-7889-171-4 (04400)
ISBN 978-89-7889-168-4 (세트)

잘못된 책은 바꾸어드립니다. 책값은 뒤표지에 있습니다.

이 도서의 국립중앙도서관 출판예정도서목록(CIP)은 서지정보유통지원시스템
홈페이지(http://seoji.nl.go.kr)와 국가자료종합목록 구축시스템(http://kolis-net.nl.go.kr)에서
이용하실 수 있습니다. (CIP제어번호: CIP2007004067)

울릉도 보물선

돈스코이호

해양탐사대, 100년의 역사를 끌어올리다

유해수 지음

지성사

차례

어린 시절 『보물섬』을 읽으면서, 주인공처럼 보물을 찾아 바다를 누비고 다니는 상상의 세계 속으로 빠져들곤 하던 기억이 있다. 수많은 해적이 싸움을 벌이는 드넓은 바다. 그곳에는 온갖 진기한 보물을 감춘 신비로운 세계가 꼭 있을 것 같았다.

하지만 나이가 들면서 보물섬은 단지 소설 속 이야기일 뿐이며, 있더라도 그곳은 다른 먼 나라일 뿐이라고 생각하게 되었다. 그러나 놀랍게도 우리나라에 보물섬이 있다. 울릉도. 이곳에는 지난 100여 년 동안 보물선 이야기가 전해 내려온다.

그 배는 다름아닌 1905년 러일전쟁 때 침몰한 러시아 순양함 '돈스코이호'이다. 금화와 금괴를 싣고 있었다고 알려진 이 군함의 탐사는 국제통화기금IMF 외환 위기를 벗어나고 국민들에게 꿈과 희망을 불어넣어주기 위해 1998년에 기획되었다. 그리고 지난

2003년 5월, 탐사팀은 드디어 울릉도 저동에서 동쪽으로 2킬로미터 떨어진 수심 400미터 해저에서 돈스코이호로 추정되는 군함을 발견했다. 탐사팀의 끈질긴 노력과 우리나라 해양탐사 기술의 성과였다. 그러나 돈스코이호 발견은 1985년 북대서양에서 찾아낸 타이타닉호만큼 세상의 관심을 끌지 못했다. 지원이 중단되어 탐사를 계속할 수 없었기 때문이다.

앞으로 독자적인 심해탐사 및 인양 기술 개발을 통해 정밀 탐사를 계속한다면 그 생생한 모습을 확인할 수 있을 것이다. 만약 돈스코이호가 인양된다면 해양 박물관을 짓거나, 「타이타닉」 같은 영화의 소재로도 활용될 수 있을 것이다.

그러나 나는 돈스코이호의 경제적 가치보다는 이 배와 함께 심해에 가라앉은 우리의 역사에 더욱 주목한다. 쓰시마 해전에서 끝까지 고군분투하던 돈스코이호가 침몰한 얼마 후, 러일전쟁은 실질적으로 일본의 승리로 막을 내렸다. 그 결과 우리는 일제강점기라는 아프고 치욕스러운 역사를 겪게 되었다. 동해 깊은 바다에서 끌어올려질 이 상처투성이의 군함 속에 당시 러일전쟁의 처절한 모습이 새겨져 있는 것이다.

5년 동안 진행해 온 심해 침몰선 돈스코이호 탐사 과정에는 우리 해양과학의 저력이 고스란히 담겨 있다. 나는 독자들이 이 책 속에서 '21세기, 신해양시대'에 한국뿐 아니라 세계 바다를 누빌 우리 해양과학의 가능성을 확인할 수 있기를 바란다.

돈스코이호는 왜 울릉도 앞바다에서 침몰했을까? 과연 그 속에는 보물이 숨겨져 있을까? 우리는 왜 이 낡은 군함을 찾기 위해 그토록 힘든 탐사를 했을까? 지금부터 그 궁금증을 함께 풀어 보기로 하자.

2007년 12월

유해수

1부

역사 속으로

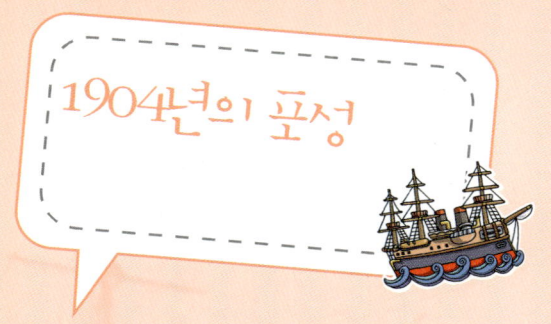

1904년의 포성

1904년 2월 8일, 중국 뤼순항 앞바다. 일본 함대의
총사령관 도고 헤이하치로는 러시아 함정을 향할 어뢰정
이 준비되었다는 보고를 받았다. 도고는 함대의 기함인
미카사호에 올랐다. 미카사호는 강력한 포력과 빠른 속도
를 자랑하는 15,000톤급 최신 전함이었다. 도고는 자신의
머릿속을 꽉 채운 전술들을 하나하나 짚어 보며, 공격 명
령의 첫 마디를 열었다.

돈스코이호를 찾기 위해 우리는 가장 먼저 러일전쟁이 발
발했던 역사의 현장으로 거슬러 올라갔다. 특히 전쟁이
한창이었던 1905년 5월에는 우리나라 동해 부근에서 쓰
시마 해전이 벌어졌는데, 돈스코이호는 이 전투에 참가했
던 러시아 순양함이다. 그런데 러시아와 일본은 왜 우리
나라를 사이에 두고 전쟁을 벌였을까?

19세기, 러시아는 얼지 않는 항구를 얻기 위해 흑해를 장악하려 했으나 영국과 프랑스가 이를 저지했다. 결국 러시아는 태평양으로 진출하고자 동북아시아로 눈을 돌려 먼저 만주에서 세력을 넓혀 갔다. 그리고 블라디보스토크에 전초기지를 설립하고, 모스코바에서 이곳까지 달리는 시베리아 횡단철도 건설에 박차를 가했다. 이 무렵 일본은 미국이 군함을 앞세워 개항을 요구하자, 쇄국정책을 벗어던지고 서구 문물을 적극적으로 받아들이는 근대화의 길을 택했다.

그 후 일본은 서구 열강처럼 군사력을 이용하여 한반도를 교두보로 삼아 아시아 대륙을 차지하려 했다. 그러나 러시아가 아관파천(1896년 2월 11일부터 약 1년 동안 그종 황제와 세자가 친러 세력에 의해 러시아 공사관으로 거처를 옮긴 사건이다.)을 계기로 대한제국의 정치에 적극적으로 관여하기 시작했다. 게다가 그 직전에 일본은 청일전쟁에서 승리하여 중국 랴오둥반도를 나누어 받았는데, 러시아가 독일과 프랑스와 연합하여 랴오둥반도의 뤼순과 다롄 지방을 빼앗아 갔다.

일본은 러시아에게 만주에 대한 지배권을 넘겨주는

△ 제물포항에서 침몰된 러시아 운송선 싱가리호. 돛대와 연통 일부만 수면 위로 보인다. 러시아군은 싱가리호를 일본 함대에 넘겨주는 대신 스스로 침몰시켰다. 일본은 이처럼 기습적인 공격을 한 후에야 공식적인 전쟁 시작을 발표했다.

대신 일본이 한반도를 차지하겠다며 교섭을 신청했다. 그러나 러시아는 거부했고 일본은 마침내 전쟁을 결행했다 1904년 2월 8일, 일본은 뤼순항과 제물포항(지금의 인천항)에 정박 중인 러시아 함대(제1태평양함대)를 기습적으로 공격했다. 이로써 만주와 한반도를 차지하려는 야욕이 투른 러일전쟁이 시작되었다.

일본은 최신식 전함을 앞세워 뤼순과 블라디보스토크에 있는 러시아 함대를 봉쇄했다. 동시에 랴오둥반도와 조선에 육군을 상륙시켜 육상에서도 공격을 가했다. 이 소식을 들은 러시아 황제는 새로운 함대를 보내라는 명령을 내렸고, 러시아 해군은 발트해에 배치했던 함대를 재편성하여 뤼순으로 떠날 제2태평양함대를 구성했다. 함대의 총사령관으로는 지노비 페트로비치 로제스트벤스키 제독이 임명되었다.

제2태평양함대의 제1전대는 로제스트벤스키가 탄 기함 수보로프호와 보로디노호, 알렉산드르 3세호, 오렐호 등 최신 전함으로 구성되었다. 그리고 펠케르삼 제독이 이끄는 제2전대, 엔크비스트 제독이 이끄는 순양함 부대

외에 어뢰정, 수송함, 수리함, 병원선과 예인선 등이 갖춰졌다. 돈스코이호는 이 중 순양함 부대 소속이었다.

1904년 10월 15일, 제2태평양함대는 발트해의 리바우항을 떠나 아프리카 대륙 둘레를 돌고 인도양을 지나 극동 지역으로 향하는 3만 킬로미터가 넘는 항해를 시작했다. 러시아 함대의 그 누구도 이 항해가 7개월이나 계속될 것이라고는 예측하지 못했다.

지독한 무더위와 전염병, 보급품 부족, 적군의 기습 위험으로 가득한 힘든 항해였다. 게다가 로제스트벤스키

▽ 제2태평양함대의 항로.

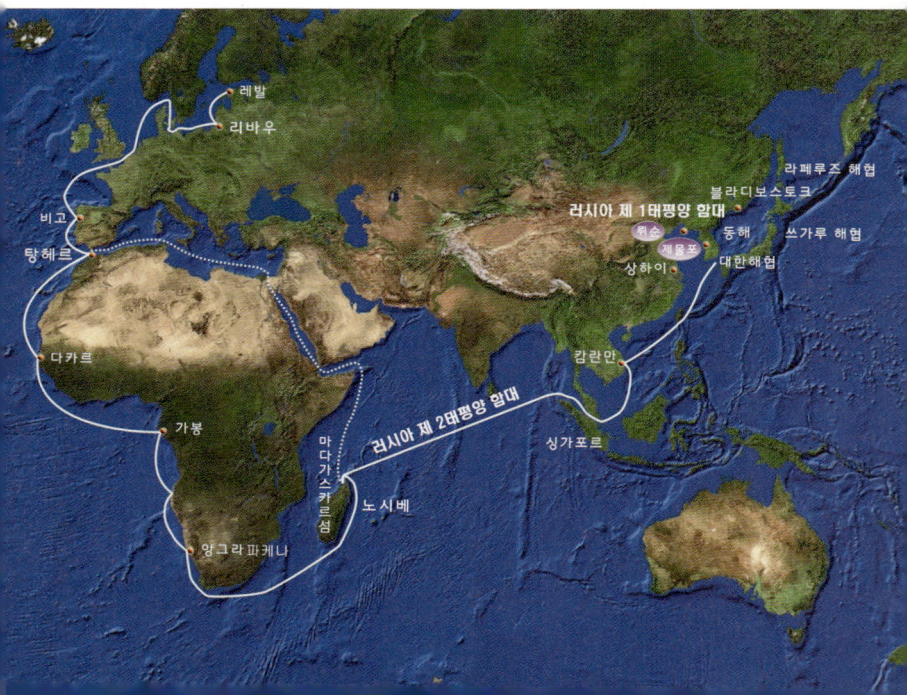

는 황제의 명령에 따라 뒤늦게 출발한 제3태평양함대와 합류해야 했다. 때문에 제2태평양함대는 무더운 열대의 마다가스카르섬에서 거의 3개월이나 갇혀 지냈다. 이처럼 러시아 함대가 기력을 잃어 가는 동안 일본 함대는 전열을 가다듬으며, 진해만에서 결전을 준비하고 있었다.

1905년 5월 20일, 러시아 함대는 남중국해를 벗어났다. 뤼순은 이미 함락되었으므로 로제스트벤스키는 블라디보스토크를 향해 나아가고 있었다. 그는 남은 항로로 최단 거리인 대한해협을 선택했다. 도고의 함대가 기다리고 있을 것이 분명했지만, 부족한 연료 등을 고려할 때 다른 선택의 여지가 없었다. 어쩌면 안개 덕분에 적을 늦게 만날 수도 있겠지만, 전투는 피할 수 없으리라.

5월 27일 새벽, 러시아 함대는 거대한 전함을 앞세우고 대한해협으로 들어섰다. 수송함과 순양함들이 대형을 이루어 그 뒤를 따랐다. 러시아 함대는 일본 어뢰정의 밤 공격을 피하기 위해 낮 전투를 선택한 것이다. 그즈음 진해만 부근에 있던 도고의 함대는 짙은 안개 속에서 희미한 빛을 발견했다. 러시아 병원선에서 흘러나온 빛이었다. 일본 함대는 적을 향해 움직이기 시작했다.

　5월 27일 오후 1시가 넘은 시각이었다. 도고는 쌍안경으로 바다를 살피다가 미카사호 마스트(배의 갑판에 수직으로 세운 기둥)에 전투 명령 깃발을 게양하라고 일렀다. "황국의 운명이 우리에게 달려 있다. 모두 전력을 다하라." 도고의 명령이 일본 함대 전체에 알려졌다. 결전의 순간이 다가왔다.

▷ 대한해협에서 맞붙은
러시아 함대와 일본 함대.

두 제독의 엇갈린 운명

▲ 도고 헤이하치로

도고는 오랜 무사 가문 출신으로, 1848년 일본 가고시마현의 작은 마을에서 태어났다. 그는 젊은 시절 자신이 모시던 주군과 영국 해군 사이에 벌어진 전투에서 참담한 패배를 경험했다. 이 사건이 계기가 되었는지, 도고는 뛰어난 해군이 되기로 결심하고 스물네 살에 영국으로 유학을 갔다. 도고는 귀국 후 청일전쟁 등에서 두각을 나타냈고, 러일전쟁에서 그 뛰어난 지략으로 명성을 얻게 되었다. 도고에게는 유명한 일화가 있다. 러일전쟁 후 어느 날, 그는 영국의 넬슨과 조선의 이순신에 비견할 만하다는 칭찬을 받았다. 그러자 도고는 "나는 이순신 장군에 비하면 겨우 하사관에 불과하다."라고 말했다. 그는 평소부터 이순신을 매우 존경했으며, 쓰시마 해전에서도 이순신의 '학익진'을 응용하여 승리를 얻을 수 있었다.

로제스트벤스키는 도고와 같은 해인 1848년에 태어났다. 그의 아버지는 군의관이었고, 가정 형편은 넉넉하지 못했다. 로제스트벤스키는 열여섯 살에 해군사관학교에 입학한 후 우등생으로 졸업하면서 발트함대에 들어갔다. 그는 아무리 어려운 임무도 완수해내는 용감하고 유능한 군인으로, 1903년에는 황제의 신임을 받아 해군 참모본부장이 되어 해군을 통솔했다. 그리고 1905년, 미처 전투 준비도 안 된 함대를 이끌고 쓰시마 해전의 포격 속으로 들어가게 되었다.

▲ 지노비 페트로비치 로제스트벤스키

그는 전쟁이 끝난 후 패전의 책임이 자신에게 있다고 주장하여 패장이면서도 국민들로부터 존경을 받았다.

17

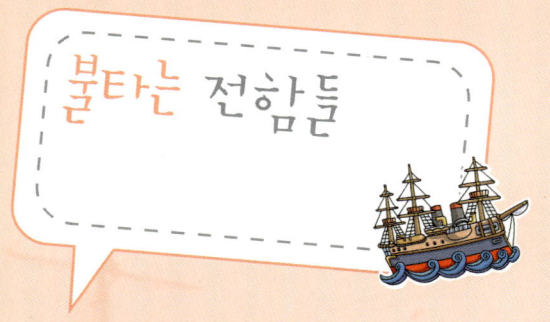

불타는 전함들

도고는 적 함대와의 거리가 8킬로미터로 좁혀지자 전 함정에게 대형을 갖추라고 지시했다. 그 유명한 도고의 '정T자전법'이 시작된 것이다. 이 전술은 적군의 맨 앞에 있는 함정에 포격을 집중하는 방법이다. 로제스트벤스키는 일본 함대가 대형을 갖추는 동안 먼저 미카사호를 향해 포탄을 발사했다. 러시아군은 포격을 멈추지 않았다. 그러나 부정확한 조준으로 포탄만 낭비할 뿐이었다.

드디어 일본군이 로제스트벤스키가 탄 수보로프호를 향해 포격을 시작했다. 수보로프호의 선체 곳곳에 불길이 치솟았다. 마스트가 부러지고 진로 방향을 잡기도 힘들었다. 많은 사상자가 발생했으며 로제스트벤스키는 머리와 다리에 심한 상처를 입었다. 한편 미카사호도 여러 발의 포탄을 맞아 상갑판이 손상되었다.

수보로프호와 함께 선두에서 러시아 함대를 이끌던 오슬랴바호 역시 집중 포격을 받았다. 오슬랴바호의 장병들은 있는 힘을 다해 싸웠으나, 바닷물이 들어차 결국 침

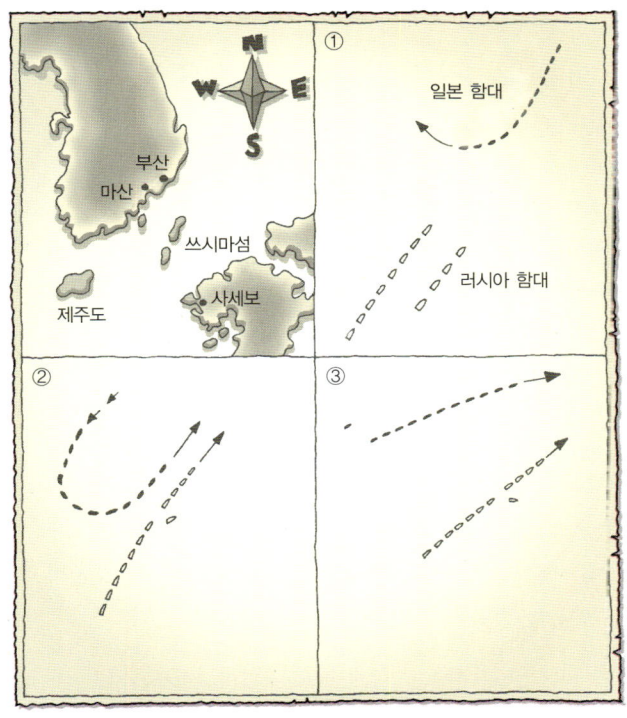

△ ①도고의 정자전법도, 도고의 정자전법은 이순신이 펼친 학익진의 원리를 응용한 것이다. 이러한 정자전법은 T자전법이라고도 한다. ②러시아 오슬랴바호 피격 ③ 위 일본 아사마호 피격, 아래 오슬랴바호 침몰

몰하고 말았다. 뒤쪽에서 수송선을 엄호하던 순양함들도 본격적으로 전투에 참가했다. 러시아 함대는 전투 내내 공격해 오는 일본 함대에게서 벗어나려 했지만 헛수고였다. 일본군은 속도와 포격술에서 절대적으로 앞섰다.

전투가 시작된 지 3시간 정도 지났을 때 수보로프호는 이미 기능을 상실한 상태였다. 그러나 장병들은 심한 부상에도 불구하고 끝까지 일본군을 향해 포격을 가했다. 수보로프호가 침몰하기 직전, 장병들은 파괴된 포탑에서 심각한 부상을 입은 채 앉아 있는 로제스트벤스키를 발견할 수 있었다. 로제스트벤스키와 다른 생존자들은 어뢰정 부이니호로 옮겨졌다. 러시아 함대의 기함 수보로프호는 점점 기울며 바다 속으로 가라앉고 있었다.

오후 5시 30분경, 함대의 지휘권을 네보가토프 제독에게 넘기며, 남은 함정들은 모두 블라디보스토크로 향하라는 로제스트벤스키의 명령이 전군에게 전해졌다. 잠시 후 계속 퍼붓는 적들의 포격에 알렉산드르 3세호도 침몰하고 말았다. 그 자리에는 선체의 잔해들만 어지럽게 널려 있었다.

이제 포격은 보로디노호로 집중되었다. 화염에 휩싸

△ 침몰하는 알렉산드르 3세호.

인 보로디노호의 모습은 어둠 속에서 더욱 선명하게 드러
났다. 일본 함대는 목표물을 향한 포격을 멈추지 않았다.
결국 보로디노호에 남은 수십 명의 장병은 뒤집힌 선체와
함께 바다 속으로 가라앉았다. 어둠이 짙어지자 도고는
달아나는 러시아 함대를 뒤쫓아 어뢰로 공격하라는 명령
을 내렸다.

5월 27일 밤 10시, 돈스코이호는 가까스로 전투 지역
에서 벗어난 상태였다. 함장 레베데프는 대한해협에서 침
몰한 전함과 전우들을 떠올리며, 자신에게 주어진 임무를
완수해야 한다고 다짐했다. 그런데 어뢰정이 돈스코이호
를 뒤따르기 시작했다. "최대 속도로 블라디보스토크로
향하라!" 돈스코이호는 최선을 다해 함장의 명령을 수행
했다.

다음 날 아침이 밝았다. 돈스코이호 뒤를 따르던 어뢰정 두 척은 베도비호와 그로즈니호였다. 또한 돈스코이호는 로제스트벤스키가 타고 있는 부이니호까지 만날 수 있었다. 부이니호는 기계 고장과 석탄 부족으로 블라디보스토크까지 갈 수 없게 되자 돈스코이호로 조난신호를 보냈다. 돈스코이호는 보트를 내려서 로제스트벤스키와 그의 참모들을 베도비호로 옮겼다. 부이니호에 있던 부상자와 장병들도 돈스코이호와 베도비호로 옮겨 탔다. 베도비호는 수송이 끝나자 그로즈니호와 함께 먼저 블라디보스토크로 향했다. 그런데 부이니호 장병들이 돈스코이호로 옮겨 타는 도중 일본 어뢰정이 나타나, 작업을 중단하고 다시 항해해야 했다.

한편 네보가토프가 이끄는 함정들은 돈스코이호와 멀지 않은 독도 동남쪽 해상에서 도고가 이끄는 일본 추격대에게 발각되고 말았다. 네보가토프는 항전을 포기했다. 그는 함장들에게 말했다. "이제 가망이 없소. 우리는 장병 2,000여 명의 생명을 지키기 위해 항복해야 하오."

정오가 지난 12시 30분경, 돈스코이호는 또다시 부이니호 옆으로 갔다. 돈스코이호는 더 이상 움직일 수 없는 부이니호에서 장병들을 옮겨 태운 후, 적에게 넘겨주지 않기 위해 부이니호를 격침시켰다. 오후 3시 30분경, 일본 어뢰정은 그로즈니호와 베도비호를 발견하고 공격을 시작했다. 이에 그로즈니호는 응사했으나, 베도비호는 '부상자가 있다' 는 신호기와 백기를 올렸을 뿐이다. 로제스트벤스키의 생명을 구하기 위한 선택이었다.

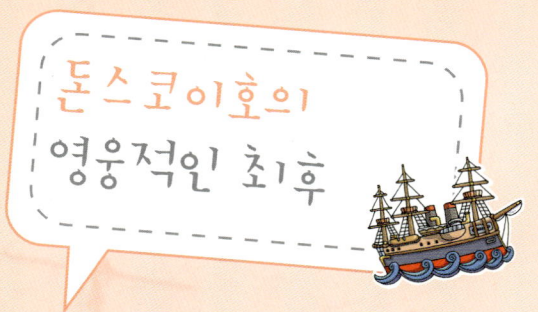

돈스코이호의 영웅적인 최후

일본 정찰대는 돈스코이호를 발견하자 곧바로 추격을 시작했다. 일본군은 "지휘관인 네보가토프 제독도 항복했으니 돈스코이호에 있는 장병들은 항복하라."는 전신을 보냈다. 참모 회의를 소집한 레베데프는 창밖을 내다본 후 마지막 전투 명령을 내렸다. "우리는 최후까지 일본과 맞서 싸운 후, 돈스코이호를 자침시킬 것이다." 이제 장병들은 자신과 돈스코이호가 값진 희생으로 남게 되기를 바랄 뿐이었다.

돈스코이호가 항복하지 않자 일본 함대는 먹이를 노리는 하이에나처럼 돈스코이호로 달려들며 포격을 가했다. 돈스코이호도 필사적으로 포격하면서 외로운 해전을 펼쳤다.

돈스코이호 선상에 포탄이 비 오듯 떨어졌다. 계속해

△ 드미트리 돈스코이호. 러시아 함정에는 해군 전통에 따라 용맹한 위인이나 사건 등의 이름이 붙여진다. 드미트리 돈스코이Dmitri Donskoi는 1380년 돈강 상류에서 타타르족을 물리친 대공의 이름으로, '돈스코이'는 '돈강'이라는 뜻이다.

서 화재가 발생했지만 장병들은 포격에 집중했다. 그러나 적과의 거리가 가까워지면서 돈스코이호에 명중되는 포탄이 더욱 늘어났고 사상자가 계속 나왔다. 돈스코이호는 선체 여기저기에 무수히 많은 구멍이 뚫리고 대부분의 함포가 파괴되었으며, 구명보트에도 불이 붙었다.

날이 어두워졌다. 대퇴골에 중상을 입은 레베데프는 블로킨 중령에게 지휘권을 넘겼다. 드디어 돈스코이호의 포격에 일본 함정이 침몰하자 돈스코이호 장병들이 갑판에서 만세를 외쳤다. 그러나 여러 척의 적함에 홀로 맞서다 보니 용맹한 돈스코이호도 힘에 부쳤다. 시간이 지날수록 부상당한 장병들이 늘어났고, 선체에 뚫린 구멍을 통해 물이 들어왔다. 포탄이 선체 뒷부분에 있는 연통에 명중하자 배의 속도가 더욱 느려졌다. 일본군이 다시 어뢰를 발사했다. 돈스코이호는 탐조등을 사용할 수 없어 달빛에 의지해 겨우 함포를 발사했다. 돈스코이호의 마지막 공격에 일본 함대는 더 이상 접근하지 않고 일정한 거리를 유지했다. 돈스코이호는 이때를 놓치지 않고 울릉도 섬 그늘에 몸을 숨겼다.

일본 함대를 따돌리고 돈스코이호가 울릉도 동쪽 해변가에 도달한 시간은 새벽 2시였다. 울릉도 주민들은 포격 소리에 놀라 숨조차 제대로 쉬지 못한 채 문틈으로 살짝 밖을 내다볼 뿐이었다. 평소에는 파도 소리, 갈매기 소리, 바람 소리만 들리는 평화로운 곳이었다. 어쩌다 일본군이 다녀갈 때마다 어수선하긴 했지만 말이다.

돈스코이호에서는 재빠르게 하선 준비가 이루어지고 있었다. 지휘권을 넘겨받은 블로킨 중령은 돈스코이호에 남아 있는 구명보트 두 척을 수리하여 부상자들을 먼저 하선시켰다. 이 작업은 새벽 5시가 넘도록 계속되었다. 날이 점점 밝아 오고 있었다. 더 늦어지면 일본군에게 발각될 수 있기에 부상당하지 않은 장병 160여 명은 어쩔 수 없이 나무 침대 같은 물에 뜨는 물건을 잡고 울릉도 해변을 향해 헤엄쳐 갔다. 블로킨 중령과 젊은 장교들, 선장, 타수들은 돈스코이호에 남았다. 이들은 돈스코이호가 적의 손에 넘어가는 것을 막기 위해 배를 스스로 침몰시킬 계획이었다. 돈스코이호는 수심이 깊은 곳으로 향했다. 블로킨 중령과 장교들이 선체 아래로 내려가 배수용 판을 열고 기계 펌프에 구멍을 내자, 빠르게 물이 들어오며 배가 기울었다. 블로킨 중령은 돈스코이호에 물이 차오르는 것을 확인한 후 나머지 사람들과 구명보트에 올랐다.

돈스코이호는 오랫동안 수면 위에 떠 있었다. 마치 침몰하지 않으려고 온몸으로 버티는 것 같았다. 그러나 결국 서서히 가라앉기 시작했다. 돈스코이호에 타고 있던 선원 중 3분의 2는 전사하여 돈스코이호와 함께 가라앉았다. 침몰 시각은 1905년 5월 29일 오전 6시 46분이었다. 이를 지켜본 러시아 장병들은 눈물을 흘리며 기도하지 않을 수 없었다.

"잘 가시오. 우리의 영웅들! 잘 가십시오. 동지들! 친구들! 조국과 황제의 명예를 위해 목숨을 바친 이들이여! 주님의 은혜가 충만하기를……!"

돈스코이호의 기능

쓰시마 해전 당시 돈스코이호는 진수된 지 22년이나 된 낡고 느린 반장갑 순양함이었다. 돈스코이호의 초기 배수량은 5,800톤이고 총 길이는 90.4미터, 폭은 15.8미터였다. 주 무기는 20센티미터 포 2문과 15센티미터 포 14문이었다. 그 후 돈스코이호는 15센티미터 포 6문과 12센티디터 포 10문을 추가 장착하면서 배수량 6,200톤, 총 길이 93.4미터, 폭 17.7미터로 규모가 커졌다. 최고 속도는 16노트이고, 연료인 석탄은 최대 800톤까지 선적할 수 있었다. 10노트의 속도를 유지하면 20일간 항해가 가능했다.

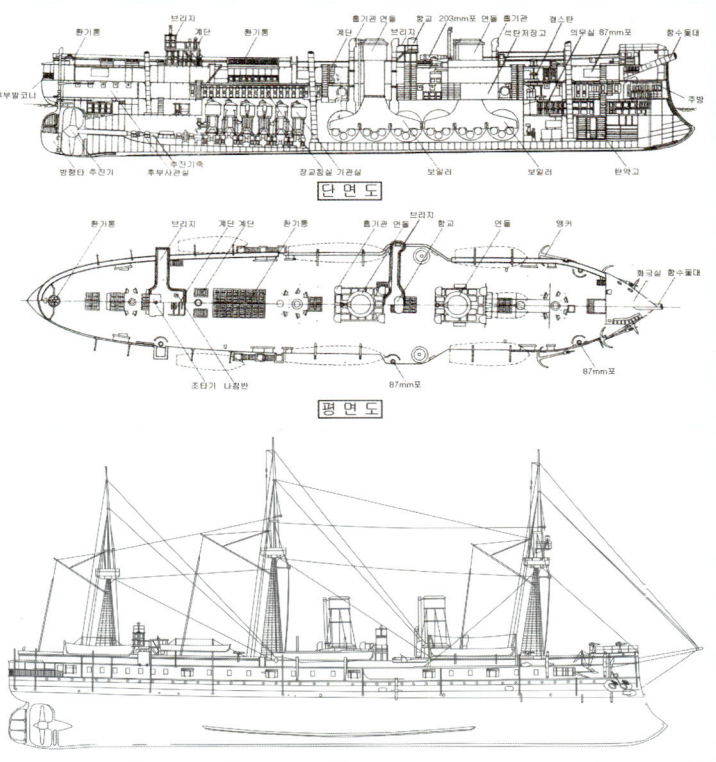

△ 위 돈스코이호의 설계도면, 아래 돈스코이호의 옆면.

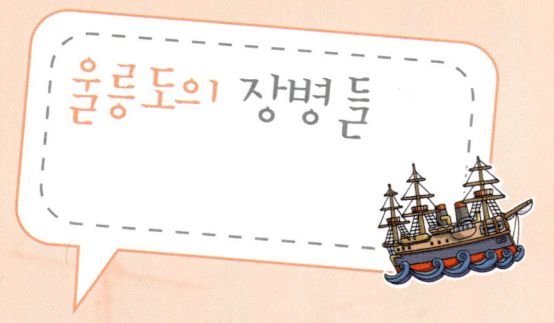

울릉도의 장병들

1905년 5월 29일 아침, 돈스코이호를 발견한 일본 함대는 항복하라는 신호를 보내며 돈스코이호에 접근했다. 그러나 아무런 응답도 없이 돈스코이호가 침몰하기 시작했다. 때마침 러시아 장병들이 울릉도에 상륙했으며, 함장으로 보이는 사람이 한국인 가옥에 누워 있다는 보고가 들어왔다. 일본군은 곧바로 이들을 연행하기 위해 울릉도로 향했다.

바다가 내려다보이는 작은 초가집 앞마당에서는 부상당한 러시아 장병들이 나지막한 돌담에 지친 몸을 기대고 있었다. 이들이 힘겹게 움직일 때마다 신음 소리가 흘러나왔다. 늦은 봄의 따사로운 햇볕이 부상당한 장병들에게는 고통이었다. 붕대가 없어 고스란히 드러난 상처에 봄볕이 따갑게 내리쬐었기 때문이다. 그나마 속옷을 붕대

삼아 지혈할 수 있다면 다행이었다.

얼마 후 일본군 몇 명이 러시아 사관의 안내로 레베데프가 있는 민가에 도착했다. 일본 중위는 레베데프에게 "어제 전투에서 보여 준 귀함의 용감한 모습에 깊은 경의를 표합니다."라며 정중하게 거수경례를 했다.

러시아군 부상자들은 일본 사세보 병원으로 옮겨졌고, 나머지 장병들은 일본 마츠야마에 세워진 임시 포로 숙소에 수용되었다. 일본군은 포로들을 극진하게 대우했는데, 사실 그 의도는 일본이 신의를 중요시하는 나라임을 세계에 홍보하기 위해서였다. 일본 해군병원으로 후송된 레베데프는 이틀 만에 사망했다. 돈스코이호 종군 신부와 장병들은 이 영웅을 위해 일본 주재 프랑스 대사관에 장례를 요청했지만, 프랑스는 외교적 분쟁이 발생할까 봐 이를 거절했다. 결국 일본 측에서 레베데프의 장례를 치러 주고, 나가사키에 있는 러시아인 묘지에 안장했다.

△ 나가사키에 있는 레베데프 함장 묘비. 레베데프의 유해는 1910년 러시아로 송환되었으나, 묘비는 아직도 나가사키에 남아 있다.

돈스코이호는 러시아 해군 역사상 가장 영웅적이고 명예로운 함정으로 인정되어, 상트페테르부르크 해군역사박물관에 그 모형이 전시되어 있다. 또한 러시아는 최근 만든 세계 최대 핵잠수함에도 '드미트리 돈스코이'라는 이름을 붙여, 돈스코이호의 정신을 기리고 있다.

1905년 5월 29일, 돈스코이호 침몰과 함께 막을 내린 쓰시마 해전에서 러시아가 입은 손실은 엄청났다. 대부분의 함정이 격침당하거나 나포되었고, 달아난 함정도 있어 블라디보스토크에 도착한 함정은 세 척뿐이었다. 러시아 군인 5,000명 이상이 전사하고 6,000여 명이 포로가 되었다. 그러나 일본은 어뢰정 세 척을 잃었을 뿐이고, 사상자는 700여 명이었다.

러일전쟁은 1905년 미국의 중재로 포츠머스조약이 체결되면서 막을 내렸다. 그 결과 러시아는 극동 지역에서 물러나야만 했다. 한편 이 전쟁의 실질적 승리자인 일본은 한반도에 대한 지배권을 확보했고, 만주로의 진출에 박차를 가하며 동아시아를 주도하는 세력이 되었다.

우리나라는 돈스코이호가 침몰한 얼마 후 암울한 역

사적 동면기를 맞게 되었다. 만약 쓰시마 해전에서 일본이 승리하지 않았다면 일제강점기를 겪지 않았을지도 모른다. 그러나 일본의 침탈을 강대국 사이에 벌어진 전쟁의 결과로만 보아서는 안 된다. 우리 민족의 기상은 최후까지 항전한 돈스코이호처럼 강하지만, 무엇보다도 우리는 스스로 지킬 수 있는 힘을 키워야 했다.

특히 과학자의 관점에서 볼 때, '당시 우리에게 근대 문물을 빠르게 수용한 일본처럼 앞선 과학 기술이 있었더라면……' 하는 탄식을 하지 않을 수 없다. 일본은 쓰시마 해전에서도 앞선 화력과 속도 등을 내세워 승리를 얻었다. "역사는 반복된다." 우리는 이 금언을 되새겨 돈스코이호를 통해 러일전쟁을 되돌아보며, 치욕과 고통의 역사가 되풀이되지 않도록 해야 할 것이다.

2부

보물선의 진실

밀레니엄 2000 프로젝트

1997년 11월, 우리나라는 IMF 외환 위기로 기업들이 도산하고 대량 실업 사태가 발생했다. 그런데 이런 우리의 암울한 분위기와 달리 그해 전 세계는 영화 「타이타닉」의 감동에 사로잡혔다. 돈스코이호 탐사를 추진하게 된 동기는 여기에서 비롯되었다. 러일전쟁의 처절함이 새겨진 이 배에는 또 다른 이야기가 숨겨져 있었다. 바로 금화를 실은 채 침몰한 '보물선'이라는 전설이었다. 우리는 돈스코이호를 찾아내어 실의에 찬 국민들에게 '한국의 타이타닉'이라는 즐거움을 안겨 주고, 심해 침몰선 탐사를 성공시켜 발전된 한국 해양과학을 세계에 알리고자 했다.

타이타닉호를 발견한 로버트 밸러드 박사도 나와 같은 지구물리학자가 아니던가. 우리라고 못 할 것 없다는 자신감이 생겼다. 마침 한국해양연구원에 도입된 첨단 해양탐사 장비가 이 탐사의 성공에 대한 기대를 더욱 높여 주었다. 그러나 정부출연기관에서 연구 개발과 관계없는 침몰선을 탐사한다는 것은 그리 쉬운 일이 아니었다. 순수한 동기와 달리 국민을 현혹시키는 보물선 탐사나 한다는 비난을 받을 수 있기 때문이다.

사실 타이타닉호의 경우에도 연구와 무관한 분야에 시간과 예산을 낭비한다며 탐사 전부터 반대가 심했다. 밸러드 박사는 타이타닉호를 발견하기까지 많은 비난을 감수해야 했다. 하지만 타이타닉호가 발견되자 탐사에 반대했던 미국 우즈홀해양연구소는 세계적인 연구소로 발전하게 되었다.

△ 위 타이타닉호의 선수 부분.
아래 1985년 타이타닉호를 발견한 밸러드 박사(오른쪽)와 그의 동료.

1912년 4월 14일 밤이었다. 무게 4만 6천 톤, 길이 270미터에 이르는 초일류 호텔급 타이타닉호는 영국 사우스햄튼을 출발하여 미국 뉴욕을 향한 첫 항해 중이었다. 그런데 북대서양을 지나는 도중 거대한 빙산과 충돌하여 3,810미터의 아득한 심해로 가라앉고 말았다. 다시는 볼 수 없을 것 같았던 이 호화 여객선은 밸러드 박사 탐사팀의 거듭되는 실패와 도전을 통해 1985년 드디어 세상에 그 모습을 드러냈다. 그리고 영화 「타이타닉」이 제작되면서 인간의 자연에 대한 오만과 욕심, 슬픈 순애보까지 생생히 되살아나게 되었다.

1998년 2월 17일, 우리는 정부에 돈스코이호 탐사 기획안을 제출했다. 그러나 IMF 상황으로 예산 확보가 어려워 기획은 흐지부지되었다. 그렇게 11개월이 지난 1999년 1월 28일, 뜻밖에 동아건설산업에서 돈스코이호 탐사 추진을 제안해 왔다. 우리나라가 21세기 해양 강국으로 자리 잡을 것이라 예상되므로, 이 분야에 진출 기반을 확보하겠다는 취지였다. 이 계획은 새 천 년을 맞아 국민들에게 바다에 대한 호기심을 불러일으키고, 그 무한한 가능성을 알려 주자는 뜻에서 '밀레니엄 2000'이라고 이름을 지었다. 우리는 이제 돈스코이호를 찾을 수 있다는 희망을 갖고 탐사 준비를 시작했다.

그러던 중 또 다른 일이 일어났다. 두 달 후인 3월경, 한국방송공사KBS와 일본공영방송NHK이 공동으로 돈스코이호 탐사 다큐멘터리를 제작하겠다는 계획서를 정부에 제출한 것이다. 이는 21세기 신해양시대를 맞아 추진하는 해저탐사 프로젝트의 하나로, 한국해양연구원과 일본해양과학기술센터가 공동으로 탐사하고, 그 과정을 다큐멘터리로 제작한다는 내용이었다. 또한 심해탐사 기술이 총동원되는 침몰선 탐사를 통해 우리 해양과학의 획기적인 발전을 이루고, 관련 기술을 선점하겠다는 계획이었다. 더불어 이 탐사는 동해의 지질구조 · 심해생물 · 심해자원 · 해류 등을 연구하는 데 큰 도움을 주며, 바다가 품은 다양한 가치와 해양과학의 중요성을 알려 주는 일이었다.

이 제안에 따라 정부가 개최한 전문가 회의에서는 이 기회에 일본의 앞선 기술도 습득하고, 양국이 해양과학 분야에서 협력할 수 있다며 긍정적으로 평가했다. 그러나 한 · 일 공동으로 돈스코이호를 찾을 경우 이에 고무된 일본이 군국주의 부활을 꾀하거나, 혹시 보물이 발견되면 소유권 문제로 외교적 마찰이 생길 수도 있었다. 결국 우리는 독자적으로 탐사하자고 결정을 내렸다.

하지만 기존 연구 사업까지 축소해야 할 IMF 상황에서 정부가 신규 사업을 추진하는 것은 아무래도 무리였다. 결국 민간 기업에서 자금을 지원받은 우리는 그해 8월에 탐사 계획서를 작성하고 9월에는 정부에 사업 신청서를 제출했다. 이렇게 우여곡절을 겪은 끝에 돈스코이호를 찾기 위한 탐사가 1999년 10월부터 본격적으로 시작되었다.

울릉도
보물 이야기

"발트함대에는 막대한 황금이 실려 있었다. 그
리고 러시아 정부는 파리와 베를린에서 발행한 국채 7억
프랑과 8억 마르크에 해당하는 소브린 금화를 받아 출항
전 함대에 군자금으로 건네주었다. 현재 물가로 따지면 수
백억 엔에 이르는 금액이다. 그러나 함대의 어느 함정에
실려 있었는지, 긴 항해 도중에 다 써 버렸는지는 알려지
지 않았다."

이 글은 일본 수중유물탐사학회에서 발행한 『일본열도
역사소설, 침몰선의 보물 전설』속 문장이다. 이 책에는
돈스코이호에 관한 글도 적혀 있었다. 돈스코이호로 군
자금용 금화가 옮겨졌다는 내용이었다. 하지만 정말 돈
스코이호에 금화가 실려 있는지는 확실하지 않은 이야기
이다.

△ 『일본열도 역사소설, 침몰선의 보물 전설』

그러나 우리는 단지 금빛 보물을 찾기 위해 돈스코이호를 탐사한 것이 아니다. 돈스코이호는 우리 민족이 국권을 강탈당한 대한제국 말기의 역사가 담긴 타임캡슐이다. 또한 이 탐사는 우리 해양과학의 발전을 증명하고, 심해 탐사 기술을 도약시킬 수 있는 귀중한 과학 실험장이다. 그리고 이를 통해 해저 퇴적률이나 각종 장비의 부식 과정 등 바다 속 화학변화를 연구할 수도 있다.

물론 돈스코이호의 경제적 가치도 무시할 수 없다. 그러나 이는 얼마의 가격에 보물을 팔 것인가 하는 이야기가 아니다. 만약 돈스코이호 인양에 성공한다면 그 역사적 의의를 일깨워 영화나 애니메이션 등 각종 문화산업으로 발전시킬 수 있고, 해양과학 박물관을 만들 수도 있다는 뜻이다.

이처럼 돈스코이호 탐사에는 역사 · 과학 · 문화적 가치가 가득 담겨 있으니, 보물선 탐사라고 부를 수 있지 않을까?

그동안 보물에 대한 이야기를 듣고 많은 기업과 잠수부가 돈스코이호 탐사에 도전장을 냈지만 모두 실패했다. 그러나 우리는 먼저 울릉도 주민들에게 전해 내려오는 이야기를 분석하고, 역사 문헌을 조사하기 시작했다. 단지 100년 동안 내려오는 전설일 뿐인지 역사적 사실인지에 대한 확인이 우선이었기 때문이다. 우리나라에 남아 있는 돈스코이호 침몰에 대한 공식 기록은 〈울릉군지〉(1989년) 부록에 실린 「러일전쟁과 울릉도」가 전부였다. 여기에는 러일전쟁의 배경과 과정, 돈스코이호의 침몰과 인양 시드 등이 일부 소개되어 있었다.

한편 독도의용수비대를 조직한 홍순칠은 자신의 수기 『이 땅이 뉘 땅인데』에서 의용수비대장으로 떠나기 전, 그의 할아버지 홍재현이 돈스코이호 함장으로부터 받았다는 동주전자를 물려주었다고 적었다. 그 후 홍순칠은 일본에 사는 지인으로부터 돈스코이호에 보물이 실려 있

△ 독립기념관에 전시된 러시아 동주전자.

43

을지도 모른다는 이야기를 들었다. 게다가 1981년 일본인 이즈미로부터 나히모프호가 침몰되기 직전 군자금으로 사용할 금화를 돈스코이호로 옮겨 실었다는 이야기를 전해 듣게 되었다. 이 이야기는 도진실업이라는 한 기업에 전해졌고, 이 업체의 요청에 의해 한국해양연구소(현재 한국해양연구원)에서 돈스코이호 탐사를 수행하게 되었다. 당시 탐사에 대한 내용은 "'한국판 보물선' 인양될까?"라는 제목으로 1981년 12월 6일 〈조선일보〉에 기사가 실렸다. 그 글을 요약하면 다음과 같다.

울릉도에 파견된 조사팀은 100세가 된다는 할머니로부터 당시의 상황을 들을 수 있었다. 이 할머니는 돈스코이호가 울릉도 앞바다에서 침몰할 때 주민들이 러시아 군인들을 구조했다며 목격담을 들려주었다. 당시 러시아 군인들은 금화가 가득 든 주머니를 보여 주며 '저 배에는 엄청난 보물이 실려 있다.'는 몸짓을 했다고 한다.

쓰시마섬 앞바다에서 발견된 나히모프호는 1905년 5월 27일 오후에, 돈스코이호는 2일 후인 29일 오전에 각각 최후를 맞았다. 당시 러시아 해군 제독이었던 크로체스 도엔스키 중장이

남긴 기록에는 발트함대의 회계함이었던 나히모프호에 함대의 군자금과 일본 정벌 후 쓰일 자금으로 어마어마한 값어치의 금괴가 실려 있었으며, 그 중 상당수의 금괴가 나히모프호 침몰 직전 돈스코이호에 옮겨졌다고 적혀 있다. 그러나 금괴가 있는지 여부는 작업이 더 진행되어야 판가름 난다.

돈스코이호를 찾는 이 탐사는 1980년에 실시되었다. 그러나 약 두 달에 걸쳐 수심 측량과 자력탐사를 진행했지만 돈스코이호를 발견하지 못했다. 그 당시 탐사 장비로는 울릉도의 복잡한 해저화산 지형을 파악하기가 힘들었던 것이다. 몇 개월 후, 도진실업은 신일본해양에서 수심 300미터까지 내려갈 수 있는 유인잠수정 하쿠요를 빌렸다. 하지만 약 한 달 동안 울릉도 저동 앞바다 4제곱킬로미터 구역을 탐사했으나 역시 실패였다. 이후 수많은 국내 잠수부가 도전했지만 성과를 얻지는 못했다.

그로부터 18년이 지났다. 비록 1980년대 탐사에서는 큰 성과를 얻지 못했지만, 같은 실수를 되풀이하지 않기 위해서 우리는 그때의 탐사 자료를 찾아보았다. 또한 본격적인 현장 답사와 문헌 조사에 앞서 돈스코이호 탐사

경험이 있는 원로 연구원에게 자문을 구했다. 그러나 관련 자료는 보관 기간이 지나 폐기된 상태였다. 당시 탐사에 참여했던 연구원의 기억 속에 남은 증언이 전부였다. 그 분은 당시 울릉도 주민들과 인터뷰한 이야기를 들려주었다.

상처투성이로 상륙한 돈스코이호 장병들이 울릉도 민가에서 치료를 받았다는 이야기, 적극적인 구조와 치료에 대한 감사 표시로 돈스코이호 함장으로부터 동주전자를 받았다는 홍재현과 이 일화를 전해 들은 홍순칠 이야기, 울릉도에서 사망한 러시아군 시체를 도동에서 저동으로 넘어가는 곳에 묻었다는 이야기 등이 구전되고 있었다. 그러나 우리가 현장 답사를 할 당시에는 돈스코이호가 울릉도 부근에서 침몰했다는 사실조차 거의 잊혀져 가고 있었다.

그동안 일본 전문 탐사팀을 시작으로 수많은 사람들이 돈스코이호 탐사에 실패하는 모습을 지켜보았던 울릉도 주민들은 "여기 지형이 얼마나 험한지 모르죠? 아무리 첨단 장비를 동원해도 찾을 수 없을 겁니다."라며 우리 팀에게 헛수고하지 말고 돌아가기를 권했다.

사실 부족한 자료와 전쟁 중의 불확실한 문헌에 의지

하다 보니, 돈스코이호의 침몰 위치와 침몰시 상태, 보물의 비밀 등을 밝히는 일은 몹시 어려웠다. 이 문제를 해결하기 위해서는 더 많은 자료 수집이 필요했으며, 가장 확실한 방법은 직접 확인해 보는 것이었다.

나히모프호의 실체

▲ 애드미럴 나히모프호

나히모프호는 쓰시마 해전 당시 돈스코이호보다 먼저 쓰시마섬 앞바다에 침몰한 러시아 제2태평양함대의 7,781톤급 회계함으로, 항해에 필요한 보급품 대금을 지불하는 함정이었다.

러일전쟁 당시 결제 수단이 금이었으며, 함정 수십 척의 항해 자금과 블라디보스토크 도착 후 사용할 비용이 나히모프호에 실렸을 것이라는 추정은 많은 보물 사냥꾼을 불러 모았다. 나히모프호가 군자금을 싣고 있었다는 기록은 일본 국회도서관에 보관된 『쓰시마 근대사』에서도 찾을 수 있었다. 이 책에 따르면 1905년 5월 27일 밤 9시, 일본과 지옥 같은 해전을 치른 나히모프호는 결국 쓰시마섬 앞바다에 가라앉았다. 다음 날 아침, 인근 백사장에 도착한 러시아 장병 99명은 모두 기진맥진 녹초가 되었으나, 양손에는 금화를 가득 가지고 있었다고 한다. 이때 마을 촌장 겸 의사였던 타카라베 신타로의 집에 머물렀던 나히모프호 함장이 배에 실린 보물에 대해 말한 것이 보물 이야기의 유래였다. 타카라베는 일본 해군성에 나히모프호 인양을 권유했지만 제안이 무시되자 혼자 힘으로 인양에 도전했다. 그러나 4년 동안 나히모프호의 침몰 위치도 확인하지 못한 채 탐사를 중단하고 말았다.

그 후 나히모프호 인양에 착수한 사람은 동경상선학교의 스즈키 교수였다. 그는 1932년부터 100여 명의 인부를 동원하여 침몰선의 위치 확인을 시작했다. 그는 1933년 1월에 처음으로 나히모프호의 위치를 알아냈는데, 수심이 무려 97미터였다. 잠수 전문가 카타오카 사장까지 합세하자 다시 보물선 인양 붐이 일었지만, 수심이 깊어 찾지는 못했다. 이때의 인양 소식은 1932년 11월 28일 〈뉴욕타임스〉에도 실렸다. 1937년까지 보물을 못 찾자 카타오카는 인양을 포기했고, 혼자 남은 스즈키는 1958년에 헬륨 잠수를 도입하여 수심 80미터까지 성공했다. 그러나 수많은 잠수 작업과 폭파 작업으로 그는 도산하게 되었다.

1970년대에는 발전된 기술로 수심 100미터 이상의 깊은 곳도 탐사가 가능했다. 이에 일본선박진흥회 회장 사사가와 료이치가 나히모프호를 탐사하고자 했다. 1979년 사사가와는 심해 잠수용 바지선인 텐오호를 만들었고, 이 계획을 추진하기 위해 여섯 명의 일본인 잠수부가 영국에서 포화잠수 기술 훈련을 받았다. 마침내 잠수 18일 만에 백금괴를 비롯한 보물을 찾았다는 기사가 일본을 강타했다. 사사가와 측은 나히모프호에서 백금괴를 인양했다고 알렸다. 그러자 소련이 나히모프호의 소유권을 주장했고, 이는 두 나라의 외교 분쟁으로 번졌다. 하지만 백금괴로 알려진 덩어리는 배의 무게 균형을 잡기 위해 사용된 납덩어리라고 밝혀졌다. 이렇게 쓰시마 섬에서 대대로 내려오던 이야기에 이끌려 시작된 오랜 탐사와 인양 결과는 금괴가 아니라, 장병들이 사용하던 식기류와 대포가 대부분인 것으로 판명되었다.

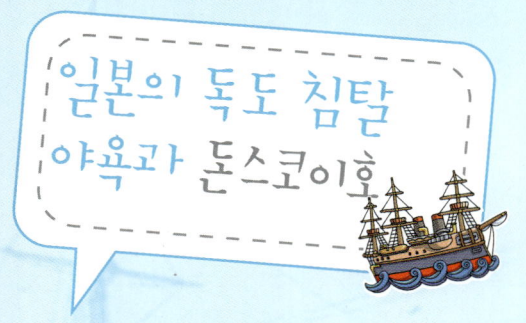

일본의 독도 침탈
야욕과 돈스코이호

1900년 전후, 일본은 한반도를 삼키고 중국을 손아귀에 넣기 위해 혈안이 되었다. 그러자면 일본은 우리나라의 곡물과 자원 등 전쟁 물자를 수탈하고 대륙으로 진출하기 위한 길을 만들어야 했다. 이에 1899년 서울과 인천을 잇는 경인선을 개통하고, 1905년 1월 1일자로 서울과 부산을 연결하는 경부선을 개통했다. 한편 일본은 자신들의 침략 계획에 방해가 되는 러시아와의 전쟁을 준비하기 시작했다.

이처럼 전쟁을 위한 준비에 철저했던 일본은 제2태평양 함대와 격전이 벌어지리라 예상되는 동해에 군사시설이 필요하다고 판단했다. 그래서 일본군은 동해안과 울릉도에 망루를 설치하여 러시아 함정이 언제 동해로 들어오는지 감시했다. 또한 일본은 도고 함대를 지원하기 위해

1905년 2월 22일, 전략 요충지인 독도를 '다케시마'라는 명칭으로 시마네현에 포함시킨다고 주장했다.

　여기서 잠깐 정치적 고립을 감수하면서까지 끈질기게 영토 분쟁을 일으키는 일본에 대해 말하고자 한다. 일본의 대외 정책은 중국 전국시대에 범수范睢가 사용한 '원교근공책遠交近攻策'이다. 즉, 가까운 한반도와 중국을 침공하기 위해 먼 나라인 영국이나 미국과는 우호 관계를 맺고, 아시아를 점령한 후에는 다시 미국을 공격하는 책략이다. 일본이 아시아를 거의 함락할 무렵 미국 진주간을 공습하여 태평양전쟁을 일으킨 것도 같은 맥락이다. 지금도 일본은 독도 영유권을 주장하며 영토 확장의 야욕을 불태우고 있다. 또한 일본은 강자에게는 약하면서 약자 위에 군림하려는 이중적인 태도를 취해 왔다. 러일전쟁 때 자국을 일등국가로 선전하기 위해 러시아 포로를 손님처럼 극진하게 대접했던 일본. 그러나 아시아의 수많은 선량한 국민들에게는 온갖 박해를 가했고, 아직까지 공식 사과조차 제대로 하지 않는다.

　일본 앞바다에도 쓰시마 해전 때 침몰한 러시아 군함

여러 척이 인양되지 않은 채 잠겨 있다. 그럼에도 불구하고 일본은 왜 돈스코이호 공동 탐사를 제의했을까? 혹시 끝까지 항복하지 않은 돈스코이호를 찾아 말없는 항복을 받고 싶은 의도였을까? 이러한 의문이 들어 공동 탐사를 거절하고 우리 힘으로 돈스코이호를 찾고자 했던 것이다.

다시 돈스코이호와 우리의 인연을 돌아보자. 돈스코이호를 포함한 제2태평양함대는 쓰시마 해전에서 목숨을 바쳐 싸웠다. 박종수 박사가 집필한 『러시아와 한국』에서 '러일전쟁은 한·일간의 대리전쟁'이라고 표현했듯이 비록 한반도와 만주 지역의 지배권을 두고 일어난 싸움이었으나, 러일전쟁은 우리에게도 민족의 운명이 걸린 일이었다. 때문에 홍재현과 울릉도 주민들은 돈스코이호 장병들을 정성을 다해 보살폈다. 이후 홍재현의 손자 홍순칠은 독도의용수비대를 만들어 러시아 함대도 지키지 못한 일본의 독도 침입을 온몸으로 막아 냈다. 오직 나라를 위해 목숨을 건 독도의용수비대 덕분에 우리나라는 독도를 우리 땅으로 지켜 올 수 있었던 것이다.

"용서하라. 그러나 잊지는 마라." 언젠가 일본이 독도가 우리 땅임을 인정하며 진정한 이웃으로 다가올 때, 우리는 용서할 것이다. 그러나 잊지는 말아야 한다. 앞으로 우리 바다에서 그 어떤 전투도 일어나지 않도록, 그리고 독도를 비롯한 우리 땅을 굳건히 지킬 수 있도록 국력을 키워야 한다.

△ 왼쪽 독도의용수비대, 오른쪽 독도경비대 건물. 독도경비대는 이사부, 안용복, 독도의용수비대, 최종덕 등의 정신을 이어, 우리 국민이 어업이나 해양탐사 등을 안전하게 할 수 있도록 밤낮으로 애쓰고 있다.

◁ 독도 앞바다를 항해하는 해양탐사선 이어도호.

순양함
돈스코이호

1827년에 세워진 러시아 해전사 기록 보관소에는 돈스코이호 부함장의 보고서 등 생생한 현장 자료가 보관되어 있었다. 그러나 전쟁 당사국이자 패전국인 러시아 기록은 군법회의에서 조사한 문서로, 작성자에게 불리한 내용은 없고 자기 방어적이었다. 우리는 러시아 해전사 자료 중 「돈스코이호 선임장교 블로킨 중령의 보고서」와 「러시아 함대의 해전 편년체 역사」에서 돈스코이호가 남긴 쓰시마 해전 최후의 모습을 찾을 수 있었다.

우리는 부상당한 돈스코이호 함장 레베데프에게서 지휘권을 넘겨받은 블로킨 중령의 보고서를 읽으면서 돈스코이호의 침몰 위치를 짐작해 보았다. 이 보고서에는 돈스코이호가 일본군의 공격으로 인해 상갑판이 심하게 파손되었고, 수심 약 200~400미터 깊이에 침몰되었다는 내용이 적혀 있었다. 다음 글은 보고서의 일부이다.

5월 27일 오후 4시 30분경, …… 일본군은 상황에 따라 순양함이나 수송함에 사격을 집중했는데, 그 사격은 매우 정확했다. …… 잠시 후 포탄이 우리 배에 명중하여 첫 부상자가 나오고, 배의 일부가 파손되었다. 적의 포탄은 여러 조각으로 터지면서 많은 장병에게 부상을 입혔으며, 포탄이 터질 때 갈색 가스를 방출해 숨이 막혔다. ……

5월 28일, …… 일본군 포탄이 우리에게 쏟아지기 시작했다. 적과의 거리가 더욱 좁혀졌고, 우리 배에 명중하는 포탄이 증가해 심각한 상황에 이르렀다. 배에 구멍이 생겼고, 우리 대포 N6의 포수들이 사망했다. 대포 N4는 일부가 파손되었고, 다른 대포도 대부분 파괴되었다. 또한 포대 갑판에 포탄이 명중하여 대포알을 공급하던 12명이 전사했다. …… 부선장이 포탄 파편에 머리를 다쳤고, 불타는 보트 조각을 치우던 몇 명이 사망했다. …… 오슬랴뱌호 수병 몇 명이 포대 갑판으로 나왔는데, 이때 갑판에 포탄이 떨어져 사망했다. …… 대형 침실의 화재는 진화했으나 커다란 포탄이 나무 보트 N1에 명중되어 불이 붙었고, 나무 보트 아래에 있던 구명보트 N1에서도 불길이 치솟았다. …… 사방이 어두워졌다. 대부분의 대포가 파손되었으나 나머지 몇 문의 대포는 계속 적을 공격했다. 일본 순양함 한 척이 불타고, 다른 한 척은 침몰 직전이었다. 오후 9시 30분경, 배 여러 군데에 구멍이 뚫렸으나, 그나마 다행스럽게도 모두 흘수선 윗부분이었다. …… 마지막으로 날아온 포탄이 배 뒷부분에 있는 연통에 명중했다. 앞부분에 있는 연통은 이미 대부분 파괴되었기 때문에 우리 배의 속도는 더욱 느려졌고, 선체가 약 5도 정도 기울어졌다. …… 일본 전함과의 간격이 점점 좁혀졌다. 이때 울릉도가 보이기 시작했다. 대령은 울릉도로 방향을 바꿔 섬 부근에 가서 격침시키겠다고 밝혔다. …… 어뢰 공격 약 1시간 후 돈스코이호는 울릉도 동쪽 해변가에 도달했다. 바다는 잠잠했으며, 우리는 부상자를 선두로 전체 장병을 하선시켰는데 이 작업은 밤새도록 이어졌다. ……

5월 29일, 날이 밝아 오고 있었다. 나는 배에 남은 약 160명에게 나무 침대 같은 물에 뜨는 물건을 잡고 헤엄쳐서 해변으로 가라고 명령했다. 배를 깊은 곳으로 끌고 가서 침몰시킬 계획이었다. …… 우리가 배에서 내리고 약 25분이 지난 후, 배는 왼쪽으로 기울기 시작하다가, 반대편에 물이 채워지자 해수면 밑으로 똑바로 가라앉았다. 그곳 수심은 약 210~420미터였다.

－〈돈스코이호 선임장교 블로킨 중령의 보고서〉 중에서

다음으로 우리는 일본을 방문했다. 일본은 러일전쟁에 관한 방대한 기록을 가지고 있었다. 승전국 입장에서 사실을 과장한 부분도 있었으나, 작전 일지를 함정 및 시간대별로 구체적으로 작성해 놓았다. 특히 국회도서관에 보관된 러일전사 자료와 쓰시마 해전사 자료, 요미우리 신문과 마이니찌 신문에 실린 러일전쟁에 관한 기사는 그 상황을 자세히 담고 있었다. 그리고 일본 방위청 방위연구소에 소장된 극비 전투 기록인 「명치 37~38년 (1904~1905년) 해전사」에서 돈스코이호의 침몰 위치에 대한 단서를 얻을 수 있었다.

△ 돈스코이호 선임장교 블로킨의 보고서.

△ 돈스코이호 종군 신부 도브로월스키가 주교에게 보낸 편지. 이 글에는 돈스코이호의 마지막 항로와 부상당한 장병들에 관한 이야기가 담겨 있다.

5월 29일 오전, 날씨가 약간 좋아졌으나 조금 황량한 모습이었다. 하늘이 점점 갤 무렵 공격 결과를 확인하기 위해 전날 밤의 공격 위치인 울릉도 동망루 부근에 다다르니, 돈스코이호는 해안 가까이에 있었다. 우리 함정은 적함에 접근하면서도 다시 공격해야 할 필요성을 느끼지 못했다. 선단에 군함기를 걸어 올리고 '항복하라'는 만국신호를 보내며 1킬로미터 정도 접근했다. 그러나 어떠한 응답도 인기척도 없었다. 포획을 위해 나이토 중위와 하사 다섯 명을 무장시킨 후 적함으로 파견했다. 그런데 이때 적함이 점차 왼쪽으로 기울기 시작하더니 6시 46분에는 완전히 침몰했다. 그 위치는 울릉도 동망루에서 정동正東으로 1.5해리(2,778미터) 떨어진 곳이었다. 때마침 이나즈마 함정이 돌아와 다수의 러시아 장병이 상륙했다는 보고를 받고, 나이토 중위를 육상으로 파견하여 최고위급 장교를 데려오라고 명령했다.

–〈오보로호 함장 후지하라 히데산로 대위의 쓰시마 해전 전투 보고서〉 중에서

　　이 기록에는 돈스코이호가 동망루에서 정동쪽으로 1.5해리 떨어진 곳에 침몰했다고 적혀 있었지만, 아쉽게도 동망루라는 지명은 울릉도에 남아 있지 않았다. 그러

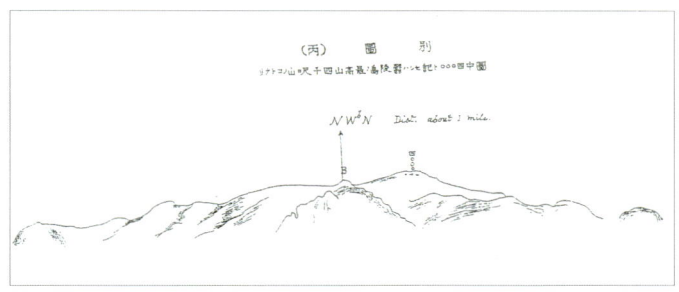

△ 위 일본인의 울릉도 동망루 스케치, 아래 현재의 울릉도 도동 망향봉 모습.

나 우리는 당시 일본인이 동망루 입지 선정 답사 때 남긴 스케치를 찾아, 동망루를 현재 도동에 있는 망향봉 근처로 추정했다.

3부

돈스코이호 탐사

침몰선
지구 물리탐사

돈스코이호를 직접 찾기 위해서는 가장 먼저 탐사할 구역을 결정해야 했다. 그러나 넓고도 깊은 바다를 막연히 탐사할 수는 없는 일이었다. 우리는 러시아와 일본에 있는 러일전쟁 기록과 울릉도 주민들의 이야기를 토대로 1차 탐사 구역을 선정했다. 다음에는 해양 지질과 물리적인 환경을 고려하여 좀 더 넓은 범위의 2차 탐사 구역을 확정했다. 혹시 돈스코이호가 해류에 의해 문헌에 적힌 위치에서 벗어났을지도 모를 일이었다.

이렇게 정해진 탐사 구역은 울릉도 저동항 앞바다 남북 8킬로미터, 동서 6킬로미터 구역이었다. 이곳은 수심이 약 100미터에서 2,000미터로 급변하는 심해 계곡이었다.

우리는 현장을 탐사하기 전에 관측 장비 상태를 검사하고 관측 자료의 오차 범위를 보정한 후, 본격적인 탐

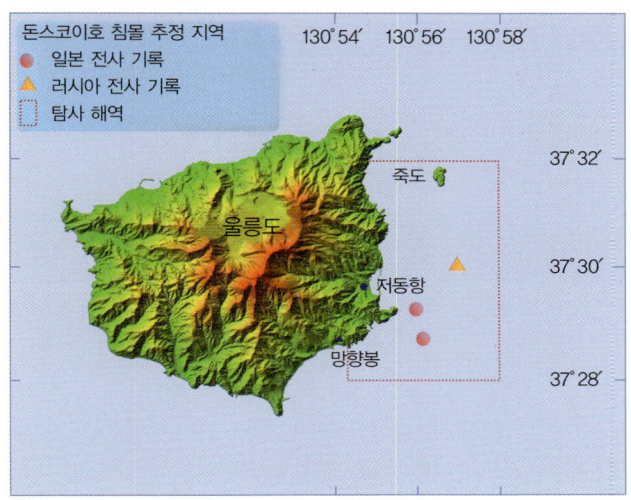

130° 54′ 130° 56′ 130° 58′

죽도

37° 32′

울릉도

저동항

37° 30′

망향봉

37° 28′

△ 울릉도 저동항 앞 돈스코이호 탐사 해역. 탐사 경비와 시간을 아끼기 위해 탐사 면적을 최대한 줄이고자 했다.

사를 시작했다. 1999년 첫 탐사에서는 우선 해저지형을 파악하기 위해 온누리호를 이용하여 지구물리탐사를 수행했다. 이어서 돈스코이호가 100여 년 동안 퇴적물에 얼마만큼 덮였을지를 계산하기 위해 해저 퇴적물을 조사했다. 침몰선이 해류에 의해 어느 정도 떠내려갔을지 추정하기 위한 해류 조사도 필수였다(실제로 타이타닉호는 침몰했던 곳으로부터 약 3킬로미터 떨어진 지점에서 발견되었다.).

△ 한국해양연구원 온누리호는 다양한 첨단 장비를 싣고, 태평양 심해저 탐사부터 남극 해역 자원 조사까지 전 세계 바다를 누비며 탐사를 수행하고 있다.

　이러한 탐사 및 조사를 위해서는 각종 첨단 장비가 필요하다. 먼저 다중빔 음향측심기를 이용해 넓은 해저지형 파악에 나섰다. 이 장비는 111개의 음파를 해저면으로 동시에 발사한다. 그러면 컴퓨터가 되돌아오는 반사파를 받아 자동으로 지형도를 만든다. 95킬로헤르츠 주파수에서

▽ 왼쪽 다중빔 음향측심기 센서를 바다에 내리는 모습. 오른쪽 삼차원 지형 자료를 기록하는 모습. 다중빔 음향측심기는 음파의 발·수신 센서를 선체 옆면에 매달아 사용한다. 이 장비를 이용하면 넓은 범위의 해저면 영상을 얻을 수 있다.

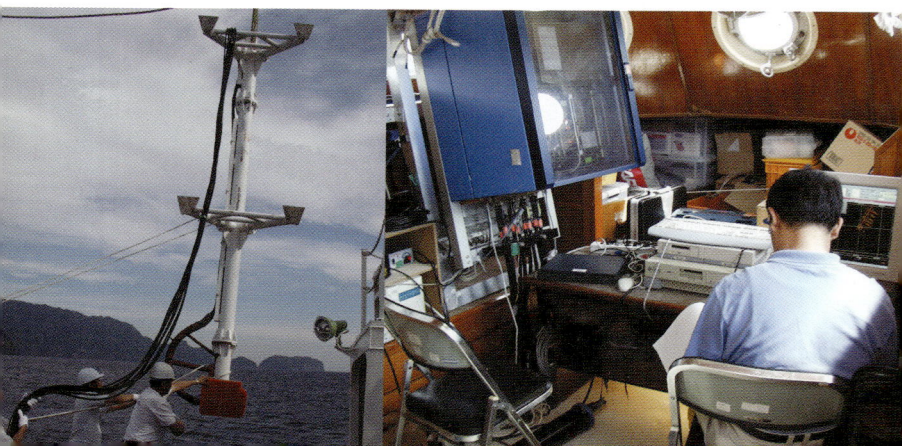

는 수심 약 1,000미터까지의 해저면을 삼차원 지형 영상으로 나타내며, 퇴적물을 암반 · 모래 · 점토 등으로 구분할 수 있다.

한편 그랩 채니기로 해저면 표층의 퇴적물을 채취하여 퇴적물의 성질을 조사했다. 또한 물속에 장기간 매어 둔 채 측정하는 해류계와 음파의 도플러 효과를 이용하는 해류계로 탐사 구역의 해류 속도와 세기를 확인했다.

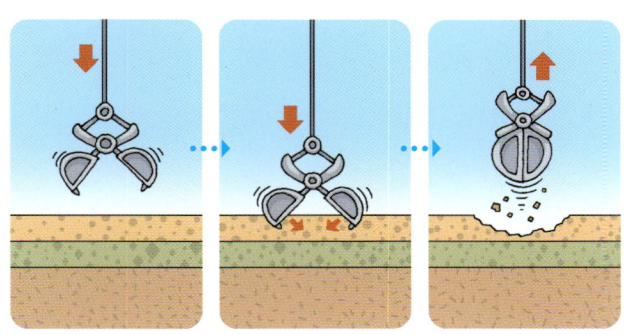

△ 그랩 채니기의 원리.

◁ 물속에 설치한 노란색 둥근 부이에 장기간 매달아 두는 해류계이다. 여러 다의 해류계를 동시에 각각 다른 깊이에 띄워, 수 개월 동안 해류의 특성을 측정한다.

2000년 10월에는 업체에 의뢰하여 돈스코이호 모형 제작을 진행했다. 러시아 해군역사박물관에 있는 돈스코이호 모형 사진과 설계도를 가지고 제작했으나, 소형 보트나 돛대 등은 설계도에 그려져 있지 않았다. 그런데 때마침 서울에서 러시아 군함 전시회가 열렸고, 이를 통해 돈스코이호의 모습을 정확하게 재현할 수 있었다.

울릉도는 용암 분출에 의해 형성된 화산섬으로, 화산체가 수심 약 2,000미터까지 분포한다. 탐사 구역의 해저면은 화산암과 화성쇄설암으로 구성되었는데, 화산암은 주로 현무암류와 조면암류였다. 이 중 현무암류는 울릉도의 북쪽 해안을 제외한 나머지 해안에서 해안 절벽을 이루었고, 조면암류는 돔형 봉우리를 형성하고 있었다. 우리는 첫 탐사에서 얻은 탐사 구역의 정밀 지형도를 바탕으로 돈스코이호로 추정되는 이상체를 찾기 시작했다.

심해 침몰선을 찾을 때 실시하는 지구물리탐사는 지표나 그 아래에 있는 심부 퇴적층의 물리적 특성을 측정하여 석유 · 가스 · 지하수 등을 확인하는 데 주로 이용된다. 이 탐사 장비들은 세계대전 때 항공기 · 잠수함 · 대포

등의 위치를 판별하기 위해 개발되었다. 바다에서 침몰선 탐사에 응용하기 시작한 것은 1963년 해저지층 탐사기로 침몰선을 찾아내면서부터이다. 해저지층 탐사기는 오랜 세월 동안 침몰선이 퇴적물에 의해 어느 정도 묻혀 있는지 확인하기 위해 이용한다. 원래는 자원 탐사에 주로 사용하지만, 퇴적층 하부의 수십~수백 미터까지 관찰할 수 있어 매몰된 침몰선이나 구조물을 찾는 데 유용하다.

이후 측면주사 음파탐지기가 개발되어 해저면 관찰이 가능해졌고, 난파선 수색에 사용되었다. 침몰선을 찾기 위해서는 정확한 해저면 영상이 필요한데, 이를 제공하는 장비로는 앞서 말한 다중빔 음향측심기와 측면주사 음파탐지기가 가장 적합하다. 이 장비들은 퇴적물의 분포 파악, 해저터널·가스관·케이블 설치 등에도 사용된다.

▽ 왼쪽 해저지층 탐사기. 이 장비는 해저면의 퇴적층을 조사하기 위해 사용하는데, 작동시 '짹짹(chirp)' 새 울음소리를 낸다고 하여 '첩'이라고 부른다. 오른쪽 측면주사 음파탐지기의 센서를 바다에 내리는 모습.

△ 해상 자력계

철제 선박이나 철 성분이 든 침몰선을 찾기 위한 방법으로 해상 자력계를 이용하는 자력탐사가 있다. 이 장비는 자성을 띠는 물체에 반응하므로 돈스코이호 같은 철제 침몰선 외에도 매몰된 파이프라인, 전기케이블, 심지어 구운 도자기류, 고대 집터 등 유물을 찾는 데도 사용한다.

이러한 지구물리탐사를 연안에서 수행하기란 매우 어려운 일이다. 물속에서 견인해야 하는 센서가 곳곳에 설치된 어망과 돌출 암반에 걸려 파손되거나, 견인줄이 끊어져 분실되기 때문이다. 울릉도도 예외는 아니었다. 수많은 해저 산과 돌출 암반, 각종 어망으로 인해 탐사 계획을 수시로 변경할 수밖에 없었다. 게다가 계속해서 변하는 해류의 방향과 가끔 발생하는 소용돌이 때문에 케이블에 연결된 센서가 일정한 방향으로 진행되지 않거나 회전하곤 했다. 이 바람에 좋은 탐사 자료를 획득하기가 어려웠다.

▷ 지구물리탐사 측선. 북동-남서 방향으로 보이는 사선 방향으로 해류가 흐르고 수심이 같다. 물속 센서를 끌고 다닐 때는 먼저 사선을 따라 진행한 후 수심이 더 깊은 쪽으로 이동하여 다시 사선을 따라 탐사한다.

130° 54′
130° 56′
130° 58′
37° 32′
37° 30′
37° 28′
울릉도
저도항
망향봉

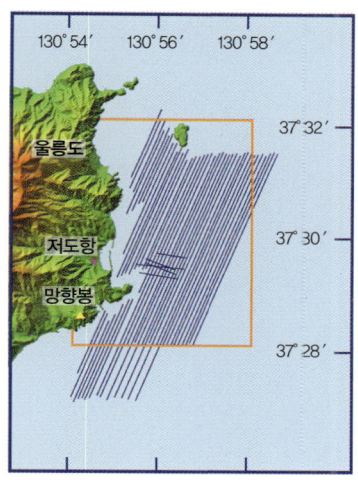

▽ 종합 해양탐사 모식도. 돈스코이호가 발견된 실제 울릉도 해저지형으로, 골짜기를 따라 흐르는 상승 해류로 탐사 장비의 접근이 어려웠다.

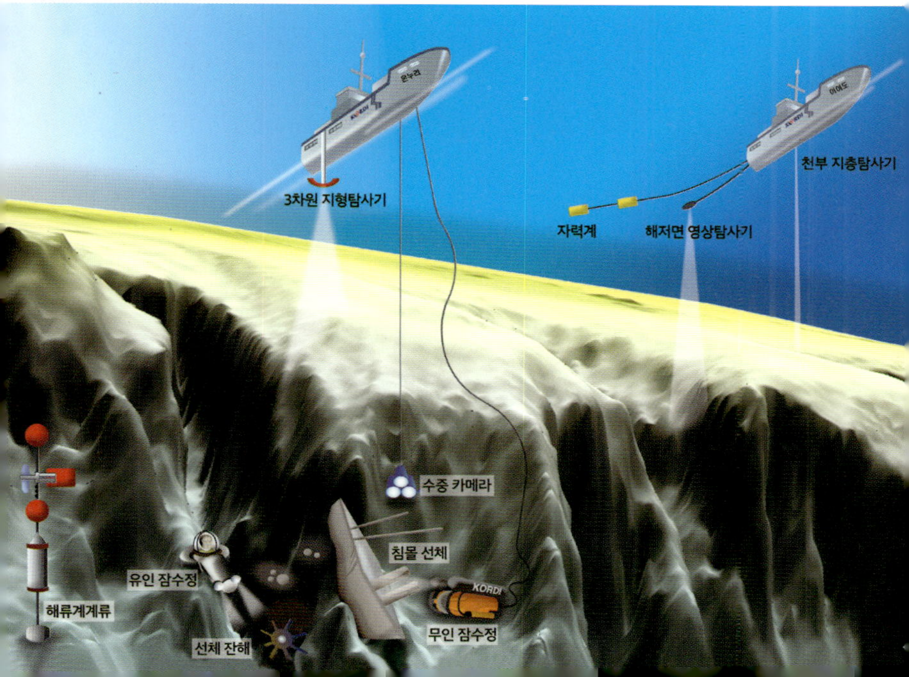

3차원 지형탐사기
천부 지층탐사기
자력계
해저면 영상탐사기
수중 카메라
침몰 선체
유인 잠수정
해류계계류
선체 잔해
무인 잠수정
KORDI

돈스코이호를
찾아간

삼차원 해저지형 음영도는 해저면에 있는 물체를 명암이 다르게 나타낸다. 우리는 이 자료를 가지고 모양과 크기가 돈스코이호와 비슷한 돌출 부분을 이상체로 선정했다. 울릉도 탐사 구역은 굴곡이 심한 계곡으로, 이런 험준한 지형에서는 탐사는 물론 자료 분석이나 이상체를 선정하는 일도 무척 어려웠다. 침몰선이 있을 것으로 예상되는 지점은 총 25군데였지만, 이러한 이상체는 침몰선이 아닌 돌출 암반일 수도 있었다.

그런데 탐사 자료를 분석하며 눈코 뜰 새 없이 바쁜 나날을 보내고 있던 중, 지원업체의 파산으로 예산 지원이 중단되는 사태가 발생했다. 힘겹게 진행한 탐사 결과 이제 선정한 이상체들을 확인하는 작업만 남아 있었다. 자력계를 이용해 각 이상체가 자성을 띠는 인공물인지 알아내

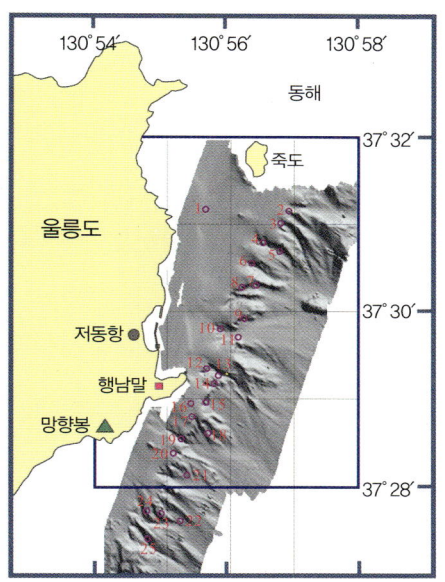

△ 삼차원 해저지형 조사 결과 발견된 이상체. ① 지점은 수심이 100미터 이내이며, 그 외는 수심 100∼500미터인 급경사 지역이다. ②∼⑪ 지점은 커다란 이상체가 발견된 지역이다. ⑫∼⑯ 지점은 돈스코이호가 발견될 가능성이 높으며, 이상체가 많은 해저계곡이다. ⑰∼㉑ 지점의 경사면에서도 이상체가 관측되었다. ㉒∼㉕ 지점은 아래로 흐르는 해류 때문에 침몰선이 이동될 가능성이 있는 곳이다.

고, 해저에 수중카메라나 잠수정을 투입하여 돈스코이호의 실물을 확인하는 작업만 남겨 둔 시점에서 탐사를 포기할 수는 없었다. 우리는 돈스코이호를 꼭 찾겠다는 일념으로 직접 나서서 은행으로 구성된 채권단과 파산 기업을 관리하는 법원을 설득한 끝에 다행히 탐사를 계속할 수 있었다.

여러 가지 사정으로 미뤄진 탐사가 다시 시작된 때는 2001년 6월이었다. 이번에는 돈스코이호를 구성하는 철제 구조물을 파악하기 위해 자력탐사를 시작했다. 탐사선이 해상 자력계에 미치는 영향을 가급적 줄이기 위해 자력계를 탐사선 길이의 세 배보다 먼 거리에 두고 배 뒤쪽에서 예인했다. 평균 예인 속도는 약 5노트였고, 자력계를 해저에 최대한 가까이 접근시키기 위해 무거운 추를 매달았다.

오랜 탐사에 결국 연구원 한 명이 과로로 쓰러지고 말았다. 탐사선을 사용할 수 있는 기간이 정해져 있기에, 낮에는 탐사를 하고 밤새 그 자료를 분석하여 다음 날 탐사 계획을 세워야 했다. 이처럼 강행군이 이어지다 보니 피로가 쌓여 갔던 것이다. 울릉도에서는 치료가 곤란하다고 해서 육지로 옮기기 위해 구급차로 여객선에 도착했으나 승선을 거부당했다. 어떤 상태인지 몰라 책임질 수 없다는 이유였다. 우리가 책임지겠다는 각서를 쓴 후에야 겨우 탑승할 수 있었다. 후송되던 연구원은 여객선 창가에서 손가락으로 '승리의 V'를 만들어 보였다. 남아 있는 팀원들에게 새로운 의지를 심어 주고자 하는 마음이 고마웠다. 이런 상황에서도 하루하루 탐사는 계속되었다.

자력탐사 결과 자기이상 신호는 울릉도 육지로부터 해상으로 연장되어 온 암반과 여기저기 흩어진 화성암체에 걸쳐 있었다. 고이상대가 저동항 동쪽 및 북동쪽 방향으로 길게 발달했고, 침몰선으로 추정되는 이상체가 약 38개 지점에서 나타났다.

그러나 이는 대부분 커다란 돌출 화성암이거나 침몰 어선 같은

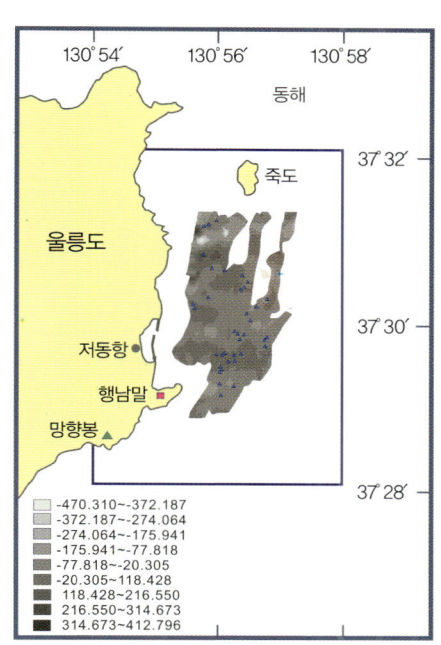

△ 자력탐사 결과 발견된 이상체(삼각형 표시)는 심해 계곡 방향으로 많이 분포하고 있었다(숫자는 자력 세기로, 단위는 nT이다.).

인공 구조물이었다. 울릉도 부근은 해저지형의 변화가 심하고 화성암으로 이루어진 암반이 많다. 화성암은 철 성분을 함유하기에 자력탐사로 돈스코이호를 찾는 것은 무리였다. 결국 삼차원 영상 자료와 서로 비교하여 중복되는 이상체를 찾기로 했다.

10월 초, 가장 유력한 이상체가 있는 지점의 정밀 영상을 얻기 위해 이어도호를 타고 다시 울릉도로 향하고자 했다. 그러나 폭풍주의보가 발령되어 20여 일이 지난 후에야 출발할 수 있었다. 다음 날 울릉도 저동항에는 무사히 도착했으나, 또 다시 폭풍주의보로 항구 주변에서 기다려야만 했다. 예측할 수 없는 날씨는 팀원들의 지쳐 가는 몸과 마음을 더욱 지치게 했다. 날씨가 잠시 잠잠해진 틈을 타, 측면주사 음파탐지기를 이용해 이상체가 나타난 지점을 정밀 탐사했다. 이상체는 현장에서 모니터를 통해 바로 확인할 수 있다. 침몰선으로 추정되는 이상체에 대해 더욱 정밀한 영상을 얻기 위해 심해용 카메라를 음파탐지기 센서에 달아서 바다 속으로 내려 보냈다. 그런데 뜻하지 않게 카메라와 음파탐지기의 센서가 커다란 돌출 암반에 걸리고 말았다. 날씨마저 나빠져 이어도호가 거대한 파도에 의해 물 위에 뜬 낙엽처럼 힘없이 밀려나기 시작했다. 암반에 걸린 센서 케이블이 팽팽해지더니 대처할 겨를도 없이 "따−닥" 끊어지는 요란한 소리와 함께 케이블이 갑판 위를 내려쳤다. 당시 갑판에는 많은 탐사 대원이 있었는데, 인명 사고가 나지 않은 것이 천만다행이었다. 갑작스러운 기상 변화와 폭풍주의보로 결국 장비를 회수하지 못한 채 분실 지점을 기록하고 저동항을 철수할 수밖에 없었다. 그러나 이어도호는 태풍의 영향권에서 위태로운 항해를 하고 있었다. 파도가 뱃전을 때릴 때마다 물건 떨어지는 소리, 심한 멀미로 괴로워하는 소리 등이 들려왔다. 새벽 2시가 되어서야 포항항에 겨우 도착했다. 정말 악몽 같은 하루였다.

또 한 해가 지나 2002년이 되었다. 이번 탐사에서는 지난해에 분실한 측면주사 음파탐지기의 센서를 수중카메라로 발견했다. 폭풍주의보 발령으로 급히 철수하느라 미처 끝내지 못한 해저면 영상 탐사도 마무리했다. 타이타닉호가 침몰시 두 부분으로 동강 난 점을 고려하면, 돈스코이호 또한 침몰시 암반과 충돌하여 선체가 분리되었을 가능성이 있었다. 따라서 돈스코이호의 실제 크기와 같거나 작은 형태의 이상체를 선별했다. 이렇게 측면주사 음파탐지기로 발견한 이상체는 총 16개였다. 그리고 선

▽ 측면주사 음파탐지기로 확인된 이상체. 크기나 모양이 돈스코이호와 비슷하다. 모니터에 나타나는 이상체는 실제 크기가 자동으로 측정되어 판별이 가능하다.

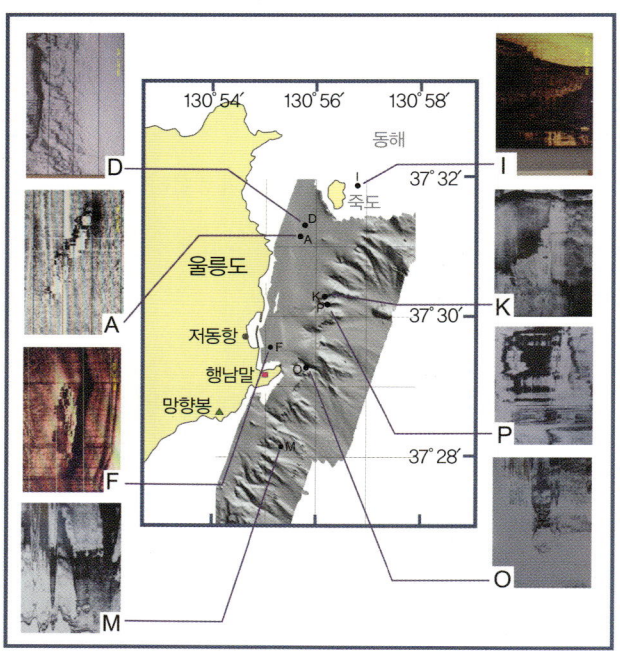

정된 각각의 이상체에 대해 정밀 탐사를 실시하여 높은 해상도의 이미지를 얻었다.

우리는 삼차원 해저지형 탐사 · 자력탐사 · 정밀 영상 탐사 결과 발견한 이상체들이 겹치는 지역을 세 개의 구역으로 구분했다. 1구역은 수심이 낮고 평탄하여 이미지가 비교적 양호했다. 2구역은 죽도 동쪽 해역으로, 역시 수심이 낮고 평탄하며 죽도에서 떨어진 많은 암반이 분포

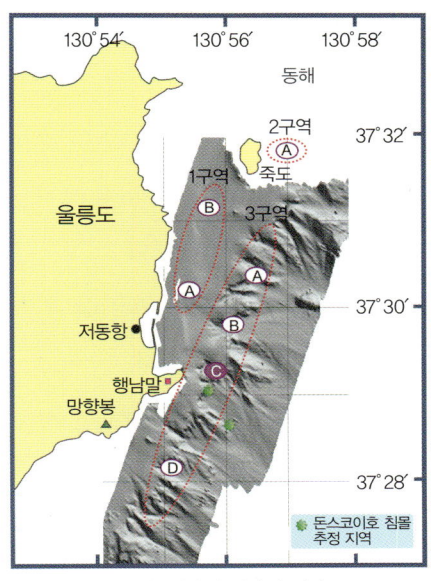

△ 종합 분석 결과 선정된 이상체 지점.

했다. 반면에 3구역은 수심 변화가 심한 급경사 지역으로, 돌출 암반이 많아 침몰선 이미지와 구별하기가 매우 어려웠다.

우리는 그때까지 돈스코이호와 크기가 같거나 더 작은 이상체를 분석했다. 그런데 이상체에 정밀 지구물리탐사를 실시하던 중 돈스코이호와 비슷한 이상체가 보였다. 탐사팀은 흥분하기 시작했다. 그러나 다음 날 수중카메라 등을 투입하여 확인해 보니 암반이었다. 팀원들은 땀 흘린 보람도 없이 연일 계속되는 실패에 점차 실의에 빠져가고 있었다.

6월 4일은 월드컵 기간이었다. 그동안 세계적인 축제도 잊고 탐사에 열중한 팀의 사기를 올리기 위해 모처럼 회식을 했다. 밤에는 도동 광장에 설치된 대형 스크린 앞에 모여 주민들과 함께 목이 터져라 '대한민국'을 외쳤다. 그리고 그 열기로 우리 스스로를 응원했다.

도대체 실패 원인이 무엇이란 말인가? 탐사선 사용 일정도 얼마 남지 않아 마음이 초조했다. 그때 울릉도 주민의 말이 계속 머리에 맴돌았다. "울릉도 바다 속은 지형이 험해서 첨단 장비로도 찾을 수 없어요."

우리는 울릉도의 특수한 지형을 다시 한번 생각해 보았다. 돌출 암반이 많은 협곡에서 만약 돈스코이호가 대형 암반 옆에 있거나 계곡에 서 있는 형태라면 삼차원 지형도에는 어떻게 나타날까? 원래의 모습과는 전혀 다른 형태로 나타날 것이다. 바로 이것이 실패의 원인인 듯했다. 돈스코이호가 암반과 나란히 있을 경우에는 침몰선과 암반의 음파 반사도가 비슷하여, 돈스코이호보다 길거나 큰 폭의 영상으로 나타날 것이다. 그리고 선체가 서 있을 경우에는 오히려 길이가 축소된 영상일 것이다. 우리는 부족한 잠으로 충혈된 눈을 부릅뜨고 재분석에 돌입했다.

각 탐사 구역에 분포하는 이상체의 이미지와 특성을 다시 비교 분석한 뒤 3C구역이 가장 유력하다고 결론지

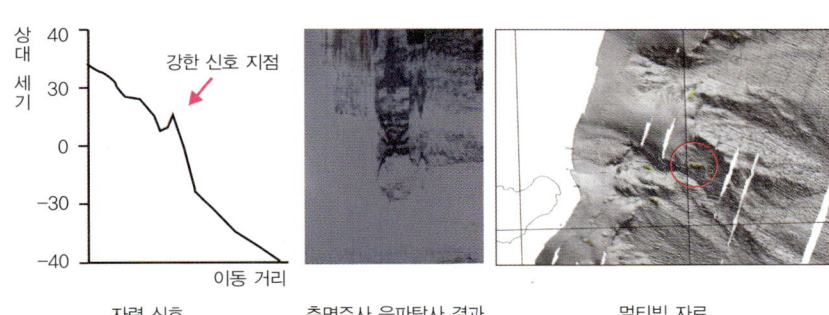

자력 신호　　　　측면주사 음파탐사 결과　　　　멀티빔 자료

△ 돈스코이호가 있다고 추정되는 3C구역의 탐사 결과.

었다. 실제 돈스코이호의 길이는 93.4미터, 폭은 17.7미터였는데 이 지점의 영상 이미지는 길이 약 110미터, 폭약 30미터의 침몰선 형태였다. 다중빔 음향측심 자료 또한 길이 70미터, 폭 30미터 크기의 이상체를 보여 주었다.

그러나 이곳은 수심이 약 170~400미터로 서서히 깊어지다가 갑자기 2,000미터로 변하는 낭떠러지 지역이며, 곳곳에 암반이 돌출되어 있었다. 게다가 계곡의 상승해류로 지구물리탐사 장비의 접근이 불가능했다. 그야말로 가장 험난한 코스였다. 이제 무인잠수정과 유인잠수정이 투입되는 단계만 남았다.

이 마지막 탐사 직전, 마이크로렙톤ML, micro lepton 탐사회사에서 연락이 왔다. ML 장비 시험을 위해 자체 경비로 돈스코이호를 찾아보겠다는 제안이었다. 우리나라에서는 처음으로 실시하는 방법이었다. 지구물리탐사가 간접적인 확인 방법이라면, ML 탐사는 돈스코이호 연료인 석탄의 소립자를 확인하는 직접적인 탐사 방법이다. 이 탐사에는 항공기와 탐사선을 동시에 사용하는데, 중국과 러시아에서는 석유나 가스 또는 지하수를 찾을 때 사용한다. 그러나 ML 탐사를 할 때는 탐사 지점에 꽤 많은 석탄

△ 울릉도 촛대바위 앞 방파제에서 ML 탐사를 위해 대기 중인 항공기.

▷ ML 탐사를 통해 획득한 석탄 소립자 분포도(굵고 검은 화살표).

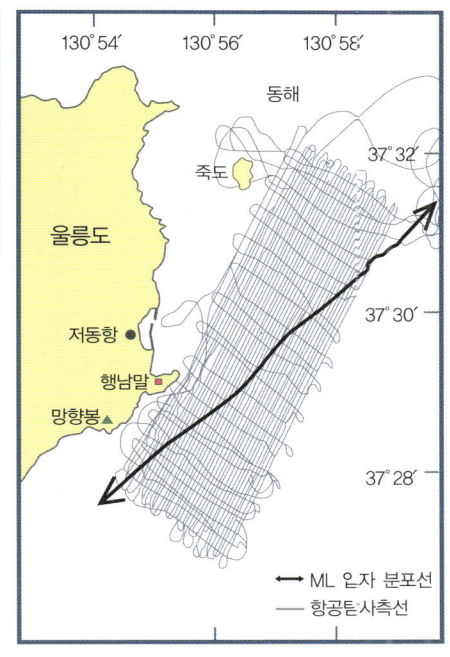

이 있어야 그 소립자를 찾을 수 있기에, 돈스코이호 탐사에서는 성과를 얻지 못했다. 이제 남은 과제는 이곳을 직접 눈으로 확인하는 것뿐이었다.

수중문화유산 이야기

　　유네스코UNESCO에서 정의하는 '수중문화유산(해저유물)'은 최소 100 년 동안 물속에 있었던 문화적 · 역사적 · 고고학적 성격을 지닌 인간 존재 의 모든 흔적을 의미한다. 선사시대의 구조물이나 건축물, 역사시대의 유물 은 물론 선박, 항공기 등 수송 수단이나 그 속의 화물 같은 인류의 흔적 모 두가 수중문화유산이다. 그러나 해저에 놓인 도관과 전선 그리고 아직 사 용되고 있는 것은 이에 포함되지 않는다.

　　최근 수중문화유산에 대한 관심이 높아지면서, 지난 2001년 파리에서 개최한 유네스코 총회에서는 '수중문화유산 보호협약'이 채택되었다. 이 총회에서는 수중문화유산을 손상시키지 않는 탐사를 장려함으로써 유물과 유적 그리고 그 주변 환경의 보호를 강조했다.

　　수중문화유산은 역사적 가치와 함께 새로운 문화콘텐츠 소재 제공, 해 양 박물관 설립 등 문화 · 관광 산업에도 일조할 것이다. 이러한 의미에서 수중문화유산 탐사는 인류의 과거와 미래를 연결하며, 보다 조화롭고 가치 있는 삶을 살도록 하는 중요한 작업이다.

　　우리나라 바다에는 국보 · 보물급 도자기 등 많은 유물이 매몰되어 있 다. 그런데 이 유물들은 지금 연안개발, 해양환경 변화, 각종 어업 활동, 도 굴로 인해 파괴의 위험에 노출되어 있다. 또한 이렇게 도굴되어 해외로 밀

반출되는 문화재를 다시 사들이는 외화 낭비도 심각한 수준이다.

수중문화유산은 소중한 해양자원이며, 무엇보다도 인류가 함께 보존하고 후대에 남겨야 할 공동의 문화유산이다. 유물의 경제적 가치를 목표로 발굴에 급급하기보다는 해양 보호와 문화자원 보존을 동반한 탐사를 실시해야 한다. 이를 위해 물속에 잠긴 유물이나 유적에 관해 연구하는 수중고고학 분야와 심해탐사를 위한 지구물리탐사와 원격탐사 분야에 많은 노력을 기울일 필요가 있다.

돈스코이호와의
만남

3C구역에 수중카메라와 무인잠수정을 투입했
다. 탐사시 무인잠수정을 유인잠수정보다 먼저 투입하는
이유는 유인잠수정 조종사의 안전을 미리 확인하기 위해
서이다. 무인잠수정은 3노트의 추진력으로 수심 1,500미
터까지 탐사가 가능하며 시간제한이 없고, 인간이 접근하
기 어려운 해역에 투입된다. 이를 이용하면 자유자재로
방향을 조종하여 모선에 설치된 모니터에서 이상체를 확
인할 수 있다.

무인잠수정에는 카메라와 로봇팔, 전방 물체를 확인하는
스캔 소나가 갖춰져 있다. 카메라는 밝기가 낮은 바다 밑
도 잘 보여 주는 저휘도 흑백 카메라와 고감도 컬러 카메
라가 있고, 아래위로 180도까지 촬영이 가능하다. 이 무
인잠수정은 마치 엘리베이터를 타고 원하는 층에 내려가

듯이 수중진수장치에 의해 원하는 수심까지 신속하게 운반된다. 울릉도 탐사 구역의 표층은 해류 속도가 빠르고, 심해의 경우 1~2노트밖에 되지 않았다. 따라서 수중진수장치를 이용하여 무인잠수정을 표층에서 심해까지 신속하게 이동시켜야 했다. 물속에서 촬영한 영상은 광통신 케이블을 통해 탐사선의 모니터로 전송되며, 이 화면을 보면서 조이스틱으로 무인잠수정을 조종했다.

△ 왼쪽 무인잠수정 본체, 오른쪽 수중진수장치. 이 잠수정은 타이타닉호 내부를 촬영한 잠수정과 성능이 같다.

유인잠수정은 수심 600미터 이상까지 잠수가 가능한, 1인 탑승용 패스파인더호였다. 이 잠수정에는 디지털 카메라, 전방 물체를 확인하기 위한 스캔 소나, 모선과의 통신을 위한 수중통신장치, 위치추적장치, 수심측정장비, 로봇팔, 물속에서 촬영한 영상을 음파로 전송하는 장치 등이 있으며, 이산화탄소정화장치 같은 다양한 생명유지장치도 갖추고 있다.

△ 유인잠수정. 비상시 윗부분의 둥근 선실만 분리하여 탈출할 수 있다.

5월 8일, 부처님오신날이었다. 동해에서 울릉도로 출발하기 직전, 폭풍주의보 발령으로 탐사선이 출항할 수 없게 되었다. 독실한 불교 신자인 업체 담당자의 권유로 가까운 불영사에 들렀다. 나는 불교 신자는 아니지만 정성 들여 돈스코이호 장병을 추모했다. 유인잠수정 탐사는 사람이 직접 심해로 들어가야 하는 매우 위험한 작업이므로 안전한 항해와 잠수도 기원했다. 그 덕분인지 다음 날 날씨가 조금 좋아져 울릉도에 무사히 도착했다. 그러나 첫날부터 비가 세차게 오더니 또 폭풍주의보가 내려졌다. 나흘째가 되어서야 화창해져 유인잠수정의 시험 잠수를 할 수 있었다. 시험 잠수는 무사히 이루어졌고, 바로 다음 날 유인잠수정의 첫 잠수를 준비했다. 우리는 조국과 가족을 위해 목숨을 바친 전사들의 영혼이 머무는 바다에 보드카와 꽃다발을 헌정했다.

"하강!"

잠수정 조종사는 외롭고도 두려운 심해 암흑 속으로 여행을 시작했다. 수심 68미터까지는 태양 광선이 투과되어 비교적 밝은 상태였다. 수심 80미터를 통과하자 해질 무렵의 밝기였다. 수심 100미터, 빛이 사라지기 시작했다. 잠수정 내에서 기계 조작을 하기 위해 조명장치를 작동시켰다. 수심 120미터, 주위는 완전한 암흑이었다. 수중조명장치를 가동시키자 머리 위의 둥근 유리창을 통해 멀리 해저면 바닥이 보이기 시작했다. 바닥 상태를 대략 확인한 뒤 해저면에 안전하게 착지했다.

"모선! 모선! 수심 200미터 도착!"

조종사가 잠수정 상태와 조종실 환경을 점검하고 이를 수중통신기로 모선에 전송했다. 조종사는 잠수정 내 시스템이 정상적으로 작동된다는 사실을 확인한 후 탐사 작업을 시작했다. 그러나 약 세 시간 동안 탐사를 진행했지만 목표물은 발견하지 못했다.

울릉도 저동 앞 수심 200미터의 평탄한 지역 탐사를 마치고 급경사가 시작되는 절벽 모서리에 잠수정 착지를 시도했다. 잠수정은 해저면 바닥에 착지했지만, 해류가 상승하는 용승으로 인해 잠수정의 몸체가 요동쳤다. 잠수정은 절벽 아래로 내려가기 시작했다. 수심은 계속 깊어졌다. 수심 300미터, 400미터, 500미터. 주위는 암흑이었다. 조명을 비추자 암반과 펄이 보였고 생물체는 발견되지 않았다. 드디어 수심 640미터에 도달했다. 쿵! 잠수정이 바닥에 내려앉으면서 흩트린 미세한 퇴적물 때문에 순식간에 안개가 드리운 것처럼 눈앞이 혼탁해졌다. 이럴 때는 조명을 끄고 떠오른 퇴적물이 가라앉기를 기다려야 한다. 몇 분 후 수중조명장치를 켜자 주위가 환하게 빛났다. 약 20미터 정도의 시야가 확보되었다. 잠수정이 착지한 곳은 해저협곡으로, 잠수정 뒤쪽에는 완만한 능선이 있었고 잠수정 오른쪽은 마치 블랙홀처럼 느껴지는 깎아지른 듯한 절벽이었다.

조종사는 이제 상승하면서 탐사를 시작했다. 얼마쯤 상승했을 때 갑자기 인공적인 색을 띤 낯선 물체가 보였다. 특수 플라스틱으로 만들어진 우리나라 어선이었다. 어선을 뒤로 한 채 약 30분 동안 느린 속도로 상승을 계속했다. 이때 굉장히 심하게 부식된 철 구조물 조각을 발견했다. 잠수정이 상승하는 동안 정체를 알 수 없는 여러 종류의 물체가 계속 펼쳐졌다. 모든 영상을 기록하고 또 다른 절벽 아래에 도착했다. 잠수를 시작한 후 굉장히 오랜 시간이 지났고 잠수정 전원도 이미 절반 이상을 사용했기에, 이것으로 첫 잠수 작업을 마쳐야 했다.

탐사팀 전원이 잠수정에서 촬영한 영상을 보며 회의를 했다. 부식된 물체들은 너무 오래되고, 어떤 종류인지 알 수 없었다. 전함의 잔해라고 추정했지만 함포나 전체 침몰선 모습 등 결정적인 증거가 없었다. 우리는 이 지역에 모든 조사를 집중하기로 했다.

잠수 탐사 9일째, 여러 잔해가 발견된 곳으로 다시 가

보았다. 정확한 좌표를 확보했으나, 평면이 아닌 절벽 경사면이어서 그 위치로 다시 찾아가기가 쉽지는 않았다.

조종사는 모든 시스템 장비를 켜고, 속도를 확인하면서 하강을 시작했다. 수심계의 숫자가 점점 올라가면서 주위도 조금씩 어두워졌다. 수심 520미터. 해저면에 도착하여 조명을 켜고 주위를 살피려는데, 어느새 불빛을 보고 모여든 새우 떼가 잠수정을 에워싸는 바람에 주위를 볼 수가 없었다. 조명을 끄고 새우 떼가 사라지기를 기다리며, 모선에 현재 상황을 보고했다. 잠시 후 조명을 켜자 주위가 환하게 드러나기 시작했다. 일전에 잔해를 발견한 위치로 방향을 잡고 서서히 상승했다.

잔해를 발견한 장소가 가까워지면서 부식된 물체들이 하나 둘씩 나타났다. 첫 잠수 때 발견한 마스트로 추정되는 철골구조물과 전선이 보였다. 다음으로 불에 탄 흔적이 있는 조타기나 전신기 잔해로 보이는 물체가 발견되었고, 정체를 알 수 없는 육중한 철제 장비도 보였다.

△ 잠수정에서 본 울릉도 주변 심해저의 모습.

탐사 후 조사 결과 발견된 잔해들은 철판 사이를 리벳으로 연결한 방식이었다. 1900년 이후에 용접이 실용화된 사실을 고려할 때 그 이전에 제작된 것임이 밝혀졌다. 상승을 계속하자 절벽의 경사가 조금 완만한 지역에서 많은 잔해가 차례로 발견되었다. 다시 절벽 위쪽을 향해 상승했다. 이렇게 상승할 때는 아주 느린 속도로 조심스럽게 움직여야 하는데, 그러지 않으면 미세한 입자의 해저 퇴적물이 떠올라 주위를 전혀 볼 수 없기 때문이다.

한 시간 정도 상승하여 수심 400미터에 도착했으나 아무것도 발견할 수 없었다. 잠수를 시작한 지 다섯 시간 정도가 지났다. 조종사는 이제 잠수를 마치겠다고 모선에 알리려 했다. 그 순간 잠수정 앞 오른쪽 절벽 아래에 선체 뒷부분으로 추정되는 물체가 눈에 띄었다. 주위는 온통 버려진 로프와 그물로 덮여 있었다. 긴장감 속에서 서서히 접근하며 관찰하는데, 갑자기 거대한 배가 앞을 가로막았다. 부식으로 형체가 많이 훼손되었지만 함포에서는 당장이라도 포성이 울릴 것 같았다. 조종사는 숨이 막혀 왔다. 심장이 터질 듯 펌프질하고, 다리가 후들거렸다. 말할 수 없는 기대감에 사로잡혔다. 그러나 난파선 현장에는 조종사의 안전을 위협하는 온갖 위험물이 널려 있어 조심해야 했다. 버려진 어망과 철 구조물 등에 잠수정이 잘못 걸리기라도 하면 기쁨도 잠시일 뿐 목숨이 위태롭기 때문이다. 마침내 돈스코이호와 만나는 순간이었다. 발견 소식을 지상에 알려야 했다. 조종사는 모선과 통신을 연결했다.

한편 모선의 통신기 앞에서는 많은 탐사대원이 초조하게 소식을 기다리고 있었다. 수중통신 전파음을 듣고 있으면 수시로 들려오는 '삑삑' 날카로운 전파음과 들릴 듯 말 듯한 통신에 여러 잡음이 섞여 정확한 음성 인식이 곤란하다. 잠수정과 멀리 떨어지거나 방향이 잘 맞지 않으면 삑삑거리는 고음과 잡음만 들린다. 이런 날카로운 소리에 몇 시간 동안 귀를 기울이는 것은 무척 힘든 일이다. 그런데 많은 잡음 속에서 희미하게, 그러나 분명하게 들려오는 목소리가 있었다.

"흑장미를 발견했다! 흑장미를 발견했다!"

삑삑……

흑장미는 돈스코이호를 표현하는 암호였다. 탐사 대원들은 놀라움과 흥분에 휩싸였고, 이내 모선은 환호성으로 가득했다. 조종사는 정밀 촬영을 시도했다. 잠수정은 발견된 침몰선의 뒤쪽 갑판과 선체 오른쪽을 촬영하기 시작했다. 비록 상처투성이였지만, 침몰선은 언제라도 명령만 내려지면 바로 출전할 준비를 하고 100여 년을 조용히 기다린 듯 보였다.

침몰선이 발견된 위치는 울릉도 저동에서 동쪽으로 약 2킬로미터 떨어진 해역의 수심 400미터 지점이었다. 이곳은 약 50도의 급경사를 이루는 심해 계곡 중턱으로, 주변은 주로 암반으로 이루어졌다. 해저면 영상으로 급경사면에 놓인 침몰선의 형체를 확인할 수 있었다. 침몰선은 미세한 퇴적물로 약간 덮여 있었고, 갑판 여기저기가 많이

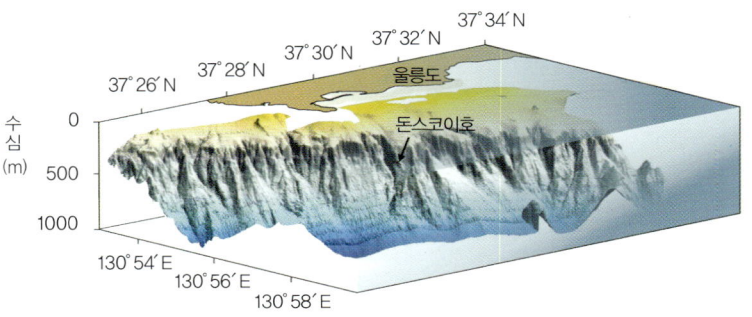

△ 삼차원 해저지형도에 표시한 돈스코이호의 침몰 위치. 돈스코이호는 울릉도 해저의 깎아지른 절벽 중턱에 걸린 채, 100년 동안 잠들어 있었다.

파괴되어 있었다. 침몰선 주변에 조타기를 비롯해 수많은 잔해가 흩어져 있었다. 침몰선에 장착된 함포와 여러 잔해는 이 배가 군함이라는 증거였다. 이 근방에서 다른 군함이 침몰되었다는 역사적 기록이 없고 갑판 외형이 돈스코

△ 돈스코이호의 수중 촬영 사진. ① 15센티미터 함포, ② 후갑판 발코니, ③ 속사포 지지대, ④ 조타기, ⑤ 전신기, ⑥ 돛대 지지대.

이호 모형과 동일했으므로, 우리는 이 배가 돈스코이호라고 확신했다.

정확한 침몰 위치를 알고, 평탄한 해저에서 찾은 타이타닉호 탐사와 비교할 때, 돈스코이호는 전쟁 중에 기록된 불확실한 자료에 근거하여 험준한 심해 계곡에서 찾아냈다는 점에서 발견의 의미가 훨씬 크다고 할 수 있다. 이렇게 열악한 조건에서 탐사에 성공할 수 있었던 것은 무엇보다도 돈스코이호를 반드시 찾아내겠다는 탐사대원들의 열정과 끈기 덕분이었다. 이는 세계적으로도 유례가 거의 없으며, 우리 해양과학 기술이 선진국과 대등하다는 사실을 보여 준 쾌거였다.

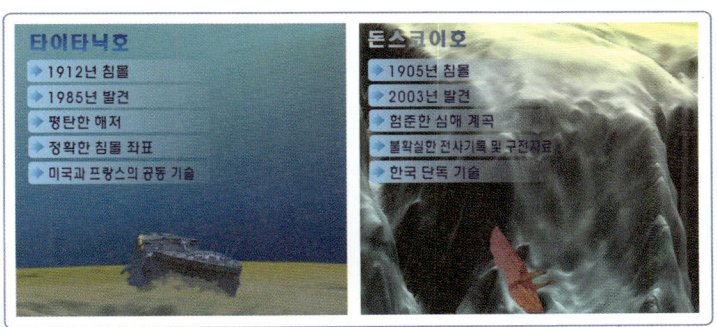

△ 타이타닉호와 돈스코이호의 탐사 비교.

새로운 시작

울릉도 100년 전설 돈스코이호! 전설 속 이야
기가 아니라 우리 곁에 실제로 존재하고 있었다. IMF 외
환 위기로 힘겨워 하는 사람들에게 기쁨을 주고자 시작한
돈스코이호 탐사. 우리는 성공적으로 외환 위기를 극복했
듯이 어려운 탐사 과정을 견뎌 내고 마침내 돈스코이호의
존재를 확인하는 데 성공했다. 더불어 세계적인 해양탐사
기술국임을 증명할 수 있었다. 언젠가 이루어진다는 신념
으로 노력하면 꿈은 반드시 현실로 바뀌는 것이다.

러시아 함대 사령관의 항복에도 불구하고, 끝까지 항전하
다가 장렬한 최후를 맞은 돈스코이호. 지금은 수많은 상
처와 오랜 세월로 형체를 알아보기 어렵지만, 용맹한 위
용은 조금도 변함이 없었다. 그러나 이대로 또 많은 시간
이 지난다면 그나마 남아 있는 형체조차 깊은 바다 속에

서 영원히 사라질 것이다. 돈스코이호 선체의 강도는 부식으로 인해 이미 초기 상태의 약 40퍼센트로 감소했을 것으로 추정된다. 따라서 정밀 조사와 함께 현장 보존 작업도 이루어져야 한다. 무엇보다도 돈스코이호는 러일전쟁에 관한 국내 유일의 증거물이므로 그 역사적 가치를 알리며 반드시 보존해야 한다.

돈스코이호를 오랫동안 보존하기 위해서는 육지로 인양한 후 복원할 필요가 있다. 얼마 전 〈유에스에이 투데이USA Today〉는 과학자들의 말을 인용하여 타이타닉호가 2년 안에 부서질 것이라고 보도했다. 만약 돈스코이호가 부식이 심하여 인양이 어렵다면 보존 처리 후 수중 박물관으로 활용하거나 수중 전시를 하는 것도 가능하다. 인양된 타이타닉호의 유물은 전 세계 순회 전시를 통해 많은 관심을 끌었다. 마찬가지로 돈스코이호 유물도 울릉도 관광 상품으로 이용하거나 올바른 역사 인식을 위한 전시 유물로 활용할 수 있다. 돈스코이호는 바다에 대한 새로운 동경심을 갖게 하는 촉진제가 될 수도 있을 것이다. 또한 돈스코이호를 소재로 심해 침몰선 애니메이션이나 영화를 제작한다면 전 세계에 '제2의 타이타닉' 열풍을 일

△ 울릉도 뉴타운 건설 및 공항 건설 계획도. 공항 활주로 앞에 수중 전망대를 설치하여, 바다 속에서 돈스코이호를 볼 수 있는 전시를 기획 중이다. 이를 통해 100년 전 역사의 흔적을 생생하게 볼 수 있을 것이다.

으킬 수도 있지 않을까?

　우리는 아직 정밀 탐사 작업을 남겨 두고 있다. 미래의 해양탐사는 수중 로봇이 그 역할을 대신할 예정이다. 소형 탱크 모양의 로봇이 해저를 자유롭게 다니며 우리에게 생생한 정보를 보내 줄 것이다. 무인잠수정과 유인잠수정이 접근하기 어려운 곳은 독자적으로 운영되는 자율무인잠수정AUV으로 탐사하게 된다. 이는 특히 우주탐사만큼이나 위험한 심해탐사에 적합하다. 그리고 앞으로는 가상현실기법 등을 이용하여 물고기가 유유히 헤엄치는

△ 2004 대한민국 과학축전의 가상현실 체험관. 가상현실기법을 통해 동해 해저 모습을 체험할 수 있다.

▷ ROV와 차세대 AUV. 한국해양연구원이 독자 개발한 6,000미터급 ROV(Remote Operated Vehicle) '해미래'와 개발 중인 차세대 AUV(Autonomous Underwater Vehicle). 돈스코이호 정밀 탐사에 활용할 예정이다.

▷ 한국해양연구원이 2011년까지 독자 개발할 예정인 300인승 대형 위그선. 위그선은 수면 위 1~5미터를 떠서 시속 300킬로미터로 날 수 있어 포항에서 울릉도까지 40분이면 갈 수 있다.

울릉도 심해로 들어가 볼 수도 있다. 심해 계곡 중턱에 있는 돈스코이호를 돌아보고 그 내부도 자유롭게 관람하며, 오래 전 전쟁의 참상을 직접 느껴 볼 수 있을 것이다. 또한 머지않아 위그WIG, Wing In Ground선을 타고 빠르고 쉽게 울릉도로 갈 수 있는 날도 올 것이다.

돈스코이호를 찾고 보존하는 일은 탐욕스러운 보물 찾기가 아니다. 돈스코이호같이 역사를 실은 채 침몰한 배는 상업적 가치보다 문화유산으로서의 가치를 우선으로 갖는다.

21세기에 가장 관심을 모으는 과학 탐험 대상이며, 인류의 미래가 달려 있는 해양! 이곳에서 펼쳐지고 있는 심해저 유물 탐사는 인류의 문화유산을 보호할 뿐 아니라, 더욱 발전된 심해탐사 기술을 후대에 물려주는 의미 있는 작업이 될 것이다.

사진에 도움을 주신 분

한아엔지니어링 울릉도 뉴타운 건설 및 공항 건설 계획도(98쪽).

해양경찰청 독도경비대 건물(53쪽).

호한재단 제물포항에서 침몰된 러시아 운송선 싱가리호(12쪽).

Subseatech 유인잠수정 패스파인더호(86쪽).

The History Channel 타이타닉호의 선수 부분, 타이타닉호
   를 발견한 밸러드 박사와 그의 동료(37쪽).

참고문헌

고영자, 『러일전쟁과 대한제국』, 탱자, 2007.

김삼웅, 『을사늑약 1905, 그 끝나지 않은 백 년』, 시대의창, 2005.

로스뚜노프 외 전사연구소/김종헌 옮김, 『러일전쟁사』, 건국대학교출판부, 2004.

박종수, 『러시아와 한국』, 백의, 2001.

석화정, 『풍자화로 보는 러일전쟁』, 지식산업사, 2007.

일본역사교육자협의회/송완범 외 옮김, 『동아시아 역사와 일본』, 동아시아, 2005.

제임스 P. 델가도/이종인 옮김, 『바다 사냥꾼의 모험』, 가람기획, 2006.

조지 로스, 『호주 사진가의 눈을 통해 본 한국 1904』, 교보문고, 2004.

주강현, 『제국의 바다 식민의 바다』, 웅진지식하우스, 2005.

진원숙, 『뒤집어 읽는 역사이야기 55』, 야스미디어, 2004.

최문형, 『국제관계로 본 러일전쟁과 일본의 한국병합』, 지식산업사, 2004.

콘스탄틴 플레샤코프/표완수 · 황의방 옮김, 『짜르의 마지막 함대』, 중심, 2003.

한국해양연구원, 『밀레니엄 2000 프로젝트 동아건설 중간보고서』, 한국해양연구원, 2000.

홍순칠, 『이 땅이 뉘 땅인데』, 혜안, 1997.

Hai Soo Yoo, Su Jeong Kim, Dong Won Park, 「Discovery of the Dmitri Donskoi ship near Ulleung Island (East Sea of Korea), using geophysical surveys」, Exploration Geophysics, 2005.

Julian S. Corbett, 『Maritime Operations in the Russo-Japanese War, 1904-1905』, Naval institute press, Annapolis, Maryland, 1994.

В.Ю. Грибовский, В.П. Познахирев, 『Вице-адми рал З.П. Рожественский』, Санкт-Петербур г, 1999.

ИЗДАТЕЛВСКИЙ ДОМ〈И ЗМАЙЛОВСКИЙ〉, 『Б АЛТИЙСКИЙ ФЛОТ ТРИ ВЕКА НА СЛУЖ БЕ ОТЕЧЕСТВУ』, САНКТ-ПЕТЕРБУРГ, 2002.

Р. М. Мельников, 『КРЕЙСЕР 1 РАНГА, ДМИ ТРИЙ ДОНСКОЙ』, ГАНYT, 1995.

外山三郎, 『日露海戰史の 研究』, 敎育出版センター, 1985.

방송자료

한국방송공사 KBS 일요스페셜, 「돈스코이호 금괴의 비밀」, 2001.